高质量发展视域下西部地区制造业集聚污染问题研究

GAOZHILIANG FAZHAN SHIYU XIA
XIBU DIQU ZHIZAOYE JIJU
WURAN WENTI YANJIU

邓宗豪 ◎ 著

四川大学出版社
SICHUAN UNIVERSITY PRESS

项目策划：梁　平
责任编辑：梁　平
责任校对：杨　果
封面设计：璞信文化
责任印制：王　炜

图书在版编目（CIP）数据

高质量发展视域下西部地区制造业集聚污染问题研究 / 邓宗豪著．— 成都 ：四川大学出版社，2021.11
ISBN 978-7-5690-5077-6

Ⅰ．①高…　Ⅱ．①邓…　Ⅲ．①制造工业－行业污染－研究－西北地区②制造工业－行业污染－研究－西南地区
Ⅳ．①X76

中国版本图书馆 CIP 数据核字（2021）第 214104 号

书名　高质量发展视域下西部地区制造业集聚污染问题研究

著　者	邓宗豪
出　版	四川大学出版社
地　址	成都市一环路南一段 24 号（610065）
发　行	四川大学出版社
书　号	ISBN 978-7-5690-5077-6
印前制作	四川胜翔数码印务设计有限公司
印　刷	成都金龙印务有限责任公司
成品尺寸	170mm×240mm
印　张	11
字　数	210 千字
版　次	2022 年 3 月第 1 版
印　次	2022 年 3 月第 1 次印刷
定　价	58.00 元

◆ 读者邮购本书，请与本社发行科联系。
电话：(028)85408408/(028)85401670/
(028)86408023　邮政编码：610065
◆ 本社图书如有印装质量问题，请寄回出版社调换。
◆ 网址：http://press.scu.edu.cn

四川大学出版社
微信公众号

前　言

制造业是实体经济主导的产业体系的核心部分。制造业的现代化程度体现着经济的现代化程度。改革开放以来，中国制造业发展迅速，中国已经成为制造业大国。但是中国与发达国家相比制造业水平仍然存在着巨大差距，还没有成为制造业强国。制造业高质量发展才能引领经济高质量发展。从各国制造业发展的历程来看，制造业高速发展时期往往伴随着严重的环境污染。我国改革开放以来，制造业高速发展的同时，环境污染也在加重。中国制造业发展同时面临资源短缺和环境污染的问题。如何平衡经济发展与环境保护是我国发展中面临的一道难题。自西部大开发以来，西部地区制造业集聚程度不断提高。但是西部地区是生态脆弱区域与环境敏感区域，环境保护的任务十分艰巨。《关于新时代推进西部大开发形成新格局的指导意见》明确指出，要"推动发展现代制造业和战略性新兴产业"，更要"结合西部地区发展实际，打好污染防治标志性重大战役，实施环境保护重大工程"。对于西部地区制造业发展和环境保护来说，制造业集聚与环境污染有没有必然关系？制造业集聚能否解决环境污染问题？如何解决制造业发展与生态环境保护的矛盾？因此，研究制造业产业聚集与环境污染之间的关系，对我国西部地区制造业发展和生态环境改善具有重要意义。

本书以环境经济学、产业经济学、区域经济学等理论为指导，以西部地区27个制造业细分行业为对象，对西部大开发以来西部地区制造业聚集水平及其对不同类型环境污染的影响进行了评价，梳理分析了产业集聚与环境污染的内在关系，基于制造业集聚、经济增长对环境污染影响的"五个假说"构建了西部地区制造业集聚对环境污染影响的面板数据模型并进行了验证，结合西部大开发实际，综合考虑外商直接投资、环境规制等因素对环境污染的影响。最后提出经济高质量发展要求下西部地区制造业集聚与环境保护协调发展的对策建议。

全书共分为四个部分。

第一部分（第一～三章）通过系统回顾评述国内外相关研究，论述产业集聚对环境污染影响的相关理论基础，并对产业集聚影响环境污染的机制进行分析。相关文献综述包括对产业集聚及其影响因素、产业集聚与生产率关系、产业集聚测度的相关研究，对中国及西部地区产业集聚的研究，对产业集聚与环境污染关系的研究。接着论述产业集聚及其对环境污染影响的相关理论，包括产业集聚理论、环境外部性理论，以及产业集聚的环境外部性相关假说。在此基础上，讨论了产业集聚影响环境污染的规模效应、结构效应和技术效应，以及产业集聚不同阶段对环境污染的影响。在相关分析的基础上提出本研究关于西部地区制造业集聚对环境污染的影响机制的分析框架和研究假说。

第二部分（第四章）对西部地区制造业集聚程度和工业污染排放强度进行测算分析。一是对自西部大开发以来西部地区制造业集聚程度进行测算，对西部地区制造业的行业分布和地理分布的动态演变态势进行分析。二是对西部地区工业污染排放趋势和强度进行分析，以了解西部地区环境污染的特征。本章的测算分析为下面的计量分析做准备。

第三部分（第五章）进行西部地区制造业集聚对环境污染影响的计量研究。本部分借助计量分析工具检验制造业集聚对环境污染的效应，用以对第三章提出的相关假说进行验证。在对西部整体制造业集聚对环境污染影响的分析中，选取工业废气、工业二氧化硫、工业废水、工业固体废物排放强度等代表性环境指标，构建面板数据模型并进行检验。

第四部分（第六～七章）提出经济高质量发展要求下西部地区制造业集聚与环境保护协调发展的路径，并对全书进行总结和展望。

本书研究结论主要有：①自西部大开发以来西部地区制造业整体上仍处于迅速发展阶段，集聚程度不断提高，但在2011年后集聚程度趋于放缓。从行业层面来看，多数行业在考察期内集聚程度都在增加；个别省区的一些行业集中度非常高；西部地区重污染行业也有较高的集聚程度。②西部地区制造业集聚与环境污染关系为非线性关系，就西部整体来说体现为“N”形关系：当制造业集聚水平较低时，制造业集聚程度提高对污染排放产生放大作用；当制造业集聚水平超过第一个临界点后，制造业集聚的结构效应和技术效应的正向作用有助于减少污染排放；但随着制造业过度集聚突破第二个临界点后，集聚的拥挤效应加大，污染程度又会转而加大。③外部因素如环境规制、外商直接投资等对西部地区制造业污染排放影响不显著，对此要结合具体情况具体分析。④西部地区制造业发展需要通过结构升级实现节能减排；有针对性地招商引资以促进本地区制造业集聚和节能减排；环境政策设计要适合本地区情况，逐步完善和发挥市场激励型环境规制的作用。

本书是在著者博士论文基础上修改完成的，特别感谢导师黄勤教授，感谢对本书提供帮助的老师、同学和亲友。

著 者

目　录

第一章　概论

第一节　研究背景与意义

一、研究背景

中国特色社会主义进入新时代，中国经济由高速增长转向高质量发展，对产业发展提出了更高要求。党的十九大报告指出：我国经济已由高速增长阶段转向高质量发展阶段，正处在转变发展方式、优化经济结构、转换增长动力的攻关期，建设现代化经济体系是跨越关口的迫切要求和我国发展的战略目标。高质量发展是创新、协调、绿色、开放、共享新发展理念的体现。从高速度到高质量发展的转变目的是使经济运行更有效率、产业结构更加合理、企业提供的产品和服务具有更高品质，最终实现经济发展更可持续、生态环境更加绿色、社会分配更加公平。[①] 在产业层面，经济发展高质量取决于实体经济产业的高质量。当前中国经济高质量发展面临实体经济弱化的障碍，表现为产业结构中低端、产品价值链低端化、粗放型增长的低效益、技术创新滞后，以及生态环境的损害制约了实体经济高质量发展。[②] 新时代提出了新课题，实现高质量发展是新时代产业发展的新任务。

制造业发展程度是国家经济繁荣和稳定的重要基石，制造业是我国现行国民经济行业分类中最大的二级产业，对长期稳定就业和消费的拉动作用重大。

---

① 赵剑波、史丹、邓洲：《高质量发展的内涵研究》，《经济与管理研究》，2019 年第 11 期，第 15～31 页。

② 何玉长、潘超：《经济发展高质量重在实体经济高质量》，《学术月刊》，2019 年第 9 期，第 57～69 页。

制造业作为实体经济的主体，有力促进了我国工业化和现代化的发展。制造业的发展可以带动农业和服务业的发展，制造业的现代化程度体现经济现代化的程度。2008年金融危机以来，美国等发达国家也看到制造业的重要性，于是提出要"制造业回流"，"再造制造业"。中国制造业自改革开放以来发展迅猛，到2010年，中国制造业总产值超过美国，中国成为制造业第一大国。但是中国与发达国家相比制造业水平仍然存在着巨大差距，还没有成为制造业强国。虽然2016年中国制造强国综合指数值为全球第四，排在美国、德国、日本之后，但是制造业发展水平与发达国家差距仍然很大，2016年中国制造业全员劳动生产率不到美国的1/5、德国的1/3。[①] 发展先进制造业是我国制造业发展的目标。制造业高质量发展才能引领经济高质量发展。

从各国制造业发展的历程来看，制造业高速发展时期往往伴随着严重的环境污染。中国改革开放以来，制造业高速发展的同时，环境污染也在加重。中国制造业发展同时面临资源短缺和环境污染的问题。我国传统制造产业仍然存在生态环境质量问题突出以及科技创新能力不足等问题。[②] 怎样在促进制造业发展的同时减少环境污染是摆在中国制造业发展中一个重要问题。

中国西部地区疆域辽阔，包括西南地区的四川、云南、贵州、重庆、西藏、广西，西北地区的陕西、甘肃、青海、宁夏、新疆、内蒙古12个省（区、市）。西部地区12省（区、市）土地面积共计686.7万平方公里，占全国总面积的71.5%；2017年末西部地区人口约36994万人，占中国总人口139008万人的26.61%。西部地区自然资源丰富，市场潜力大，战略位置重要。但由于自然、历史、社会等原因，西部地区经济发展相对落后。西部地区国内生产总值2017年末为168561.57亿元，而同期全国国内生产总值为827121.7亿元，西部地区仅占全国的20.4%，大约只到东部地区的40%。[③] 西部地区制造业发展也相对落后，2016年制造业销售产值仅占全国制造业销售产值的15.1%。[④] 西部地区迫切需要加快制造业发展，从而带动就业与经济发展。

西部地区是我国的资源富集区，矿产、土地、水能等资源十分丰富，而且开发潜力很大，这是西部形成特色经济和优势产业的重要基础和有利条件。但

---

① 徐建华：《提升质量效益是建设质量强国主攻方向——〈2017中国制造强国发展指数报告〉解读》，《中国质量报》，2018年4月13日第2版。

② 安淑新：《促进经济高质量发展的路径研究：一个文献综述》，《当代经济管理》，2018年第9期，第11~17页。

③ 土地面积数据来自国家统计局：《中国区域经济统计年鉴（2014）》，中国统计出版社，2014年；人口和国内生产总值数据来自国家统计局：《中国统计年鉴（2018）》，中国统计出版社，2018年。

④ 数据来自国家统计局：《中国工业统计年鉴（2017）》，中国统计出版社，2017年。

同时西部地区又是生态脆弱区、环境敏感区、经济欠发达地区。

改革开放以来，特别是国家实施西部大开发战略后，在政策红利的聚集、体制机制的变革等多方面因素的驱动下，西部地区发展速度加快，经济总量不断增加。但是西部地区的发展过程中也面临着资源环境问题。比如，由于过度开发造成环境污染、资源浪费与生态破坏，对于经济发展质量和人民生活质量的提升都有影响。因此，如何平衡制造业发展与环境保护是西部地区发展中面临的一道难题。

随着我国改革开放力度的不断加大，国民经济持续迅速发展，在制造业领域也不断做大做强，制造业产业聚集程度不断提高。制造业集聚是制造业发展的途径和趋势，也能带动相关产业集聚和发展并促进整体经济发展。西部地区近年来产业集聚程度不断提高，对西部地区工业发展尤其是制造业的发展起到了推动作用。但是，在产业集聚的同时，环境污染也日益加剧。在制造业等产业从东部地区向西部地区进行转移过程中，一些高耗能、高污染的低端制造业也在向西部转移，这会对生态环境脆弱的西部地区造成生态破坏。这些现象必然引起思考：对于西部地区制造业发展和环境保护来说，制造业集聚与环境污染有没有必然关系？制造业集聚能否解决环境污染问题？如何解决制造业发展与生态环境保护的矛盾？因此，研究制造业产业集聚与环境污染之间的关系，对我国西部地区制造业高质量发展和生态环境改善具有重要意义。

高质量发展就是要解决中国经济发展中存在的区域经济增长不平衡、产业发展结构不平衡、经济增长速度与资源环境承载力不平衡等问题。[①] 制造业高质量发展，可以打破资源刚性约束，提高制造业增长质量，改善产业发展与自然环境之间的关系。[②] 西部地区加快建设现代化经济体系，必须按照党的十九大报告所强调的高质量发展要求，推动经济发展质量变革、效率变革、动力变革，提高绿色全要素生产率，实现生态修复和经济增长。

二、研究意义

制造业集聚与环境污染的关系近年来得到各级政府与学者的关注，取得了一些实际经验和研究成果。但是中国地域辽阔，制造业行业门类众多，对于这

---

① 黄群慧：《改革开放 40 年中国的产业发展与工业化进程》，《中国工业经济》，2018 年第 9 期，第 5～23 页。

② 余东华：《制造业高质量发展的内涵、路径与动力机制》，《产业经济评论》，2020 年第 1 期，第 13～32 页。

个问题，仍然需要深入细致的研究。随着西部大开发和东部地区产业结构的升级及产业转移，西部地区产业集聚程度不断提高，促进了西部地区的经济增长。但与此同时，西部地区环境污染也越来越严重。本书的研究目的在于探讨西部地区制造业集聚对环境污染的影响。西部地区制造业产业集聚与环境污染有无关系，制造业产业集聚对环境污染的影响程度如何，如何避免制造业产业集聚过程中造成的环境污染是本书要考虑的问题。

本书的现实意义在于为西部地区经济发展过程中探求产业发展与环境保护协调发展的路径，实现绿色发展。西部地区经济发展水平低，要摆脱这个局面，只有通过发展实体经济带动整体经济发展来实现。随着国家西部大开发战略的实施，西部各省（区、市）借助自身资源优势，吸引外来投资，承接东部地区产业转移，产业集聚程度不断提高。但是西部地区经济发展的质量仍然有待提高，高污染、高耗能、高耗水的“三高”产业集聚会对西部地区脆弱的区域生态环境形成极大压力，导致污染程度加剧。本书通过对西部地区产业集聚与生态环境的关系进行分析，为西部地区产业合理集聚，摆脱发达国家和东部地区先发展后治理的老路，为西部地区的可持续发展找到一条切实可行的新路径。

本书的理论意义在于为制造业空间集聚的环境效应做深层次的理论探讨。制造业集聚对生态环境具有正外部性和负外部性，从已有研究来看，制造业集聚对环境污染的影响存在不确定性。制造业集聚和环境保护协调发展是生态经济系统运行的保障，从理论上探讨西部地区制造业集聚与环境污染之间关系的形成机理以及二者协调发展的实现机制，可以丰富产业集聚与环境污染的理论研究。

第二节 文献综述

近年来，随着中国经济的增长，对中国产业集聚的研究日益增多。这些研究借鉴了国外的研究成果，并结合中国近年来的发展情况，对中国产业集聚及其影响因素、产业集聚对经济增长的影响、产业集聚与环境污染的关系都进行了探讨。

一、对产业集聚以及中国产业集聚的研究

（一）对产业集聚及其影响因素、产业集聚与生产率关系的研究

从马歇尔在1890年提出关于集聚的空间外部性概念，指出企业受益于因特定地点集聚的外部规模经济的观点之后，产业集聚理论在经济学者的持续研究中不断丰富完善。20世纪90年代以来，经济学家对空间问题重新产生了兴趣。保罗·克鲁格曼及其同事重振区域经济研究，开展了一系列理论工作，使产业空间集聚问题纳入主流经济学研究的范畴，开创了新经济地理学。这些理论发展又引发了一股实证研究的浪潮，也激发了更多的政策导向工作。[①] 经济学者们对于是否存在产业集聚、产业集聚的来源、产业集聚对生产率的影响以及其他相关问题进行了实证验证，提出并逐渐完善了产业集聚程度的测度方法。从国外研究来看，近年来新经济地理学、城市经济学、区域经济学等学科对产业集聚机制进行了系统的阐述和验证。与此同时，一些国家正从计划经济向市场经济转型，相关学者对转型国家产业集聚问题也进行了研究。这些研究也为中国产业集聚相关研究提供了借鉴和参考。

1. 对产业集聚的验证

自马歇尔以来，出现了很多解释产业集聚的理论，但很少有实证工作评估这些理论的相对重要性，甚至总体正确性。[②] 埃里森和格雷泽（Ellison，Glaeser）讨论了美国制造业硅谷式本地化的情况，提出了衡量产业地理集中度和产业聚集度的指标，发现几乎所有的产业都存在程度不同的地方化。高度的地理集中度在烟草、纺织和皮革工业中最为普遍，在造纸、橡胶和塑料以及金属制品工业中最为罕见。毛皮行业的高度集中，既可以解释为代代相传的本地知识转移，也可以解释为对买家搜索成本的反映，以及毛皮异常高的价值重量比可能使实物运输成本不那么重要。其次集中的产业是葡萄酒，这很大程度上归因于加州种植葡萄的自然优势。[③] 杜兰顿和奥弗曼（Duranton，

---

① Pierre-Philippe Combes，Gilles Duranton，Henry G. Overman：Agglomeration and the adjustment of the spatial economy，Papers in regional science，2010，84（3）：311-349.

② Glenn Ellison，Edward L. Glaeser，William R. Kerr：What causes industry agglomeration? Evidence from coagglomeration patterns，The American economic review，2010，100（3）：1195-1213.

③ Glenn Ellison，Edward L. Glaeser：Geographic concentration in U. S. manufacturing industries：a dartboard approach，Journal of political economy，1997，105（5）：889-927.

Overman）为了研究产业的详细区位定位模式，开发了基于距离的本地化测算方法，测算英国四位数制造业行业，发现其中超过一半的行业显著集聚，且集聚大多发生在50公里以下的小范围内，根据行业的不同，小型企业可能是本地化和分散的主要驱动力。三位数行业在小规模上表现出相似的本地化模式，在中等规模上也表现出本地化趋势。[①] 德弗罗（Devereux）等在四位数行业层面研究了英国生产活动的地理集中度和集聚度，并将这些与美国和法国的可比模式联系起来，发现了一些相似之处，即在产业集中的条件下，地理上最集中的产业似乎具有相对较低的技术含量。在更集中的产业中，企业存活率更高，进入和退出率也更低，但在一些最具集聚性的产业中，进入行为是为了加强集聚。[②] 艾里克（Alecke）等对德国制造业的地理集中度进行测算，发现在116个行业中，80%的行业在统计上集中。但是高技术、中技术产业和产业群的集中度低，部分甚至不显著，处于中等甚至最低水平。[③] 大冢章弘和后藤美香（Akihiro Otsuka，Mika Goto）采用索洛残差这种新的衡量日本集聚经济的方法来测算，证实日本制造业和非制造业都存在集聚经济。[④] 相关研究显示，在发达国家，产业集聚是一种普遍现象，尤其是制造业集聚更为普遍，但不同行业集聚程度不同。

2. 对产业集聚的来源分析

（1）马歇尔外部性的验证。关于产业集聚的来源，马歇尔强调了三种不同类型的产业集聚根源——中间投入品生产的规模经济、知识溢出、专业化劳动力市场共享，即通过产业集聚可以降低的货物运输成本、知识交流成本和劳动力流动成本。集聚经济的基本机制通常被概括为通过区位选址相互靠近，企业可以以较低的成本生产。[⑤] 学者们对马歇尔提出的三种产业集聚来源进行验证。埃里森和格雷泽（Ellison，Glaeser）发现马歇尔提到的这三种机制中的每一种在美国制造业中都有相应的证据，即通过产业选址接近以降低货物、人

① Gilles Duranton，Henry G. Overman：Testing for localization using micro－geographic data，Review of economic studies，2005，72（4）：1077－1106.

② Michael P. Devereux，Rachel Griffith，Helen Simpson：The geographic distribution of production activity in the UK，Regional science and urban economics，2004，34（5）：533－564.

③ Björn Alecke，Christoph Alsleben ，Frank Scharr，Gerhard Untiedt：Are there really high－tech clusters? The geographic concentration of German manufacturing industries and its determinants，Annals of regional science，2006，40（1）：19－42.

④ Akihiro Otsuka，Mika Goto：Agglomeration economies in Japanese industries：the Solow residual approach，Annals of regional science，2015，54（2）：401－416.

⑤ 奥沙利文：《城市经济学（第8版）》，周京奎译，北京大学出版社，2015年，第41～44页。

员和创意的成本，这三种集聚力在数量上都是相似的。研究结果为马歇尔集聚理论提供了有力的支持。[①]波特和瓦茨（Potter，Watts）调研了马歇尔发现集聚经济这一理论的谢菲尔德金属产业集群，重新考察了马歇尔集聚经济的内在机理。虽然现在谢菲尔德产业集群已经衰落，但证据表明马歇尔集聚经济的内在机理仍然存在于现有的金属产业中。并且进一步的研究表明，马歇尔集聚经济在使用了相关金属技术的企业中更为明显。研究结果强调了技术关联性对集群生存的重要性。[②]

这三种马歇尔集聚来源，在不同时期、不同地区以及不同行业，效应会有所不同。阿尔卡塞尔和钟（Alcácer，Chung）认为产业地理集中创造了熟练劳动力和专业供应商的集合，增加了知识溢出的机会。他们通过对 1985—1994 年间新进入制造业的企业在美国的区位选择进行验证，发现企业被熟练劳动力和专业供应商吸引的难易度远大于被潜在知识溢出吸引的难易度，即使是在研发密集型行业。但是当领先企业自身的贡献不太可能替代，且不易被近邻竞争对手利用以获取战略优势时，它们将更容易被劳动力、供应商和潜在的知识溢出吸引。[③] 迪奥达托（Diodato）等通过对集聚模式演变的研究，发现在过去的一个世纪里，对企业有利的集聚类型已经发生了巨大的变化，并且在不同的产业中有着显著差异。在 20 世纪初，产业往往与价值链合作伙伴合作，而在最近几十年中，这种渠道的重要性有所下降，而且合作似乎更多地受到相似产业的技能要求的推动。他们通过计算特定行业马歇尔集聚力证明了如今技能共享是服务业区位选择的最显著动机。[④] 亨德森（Henderson）对美国制造业数据的研究结论证明了马歇尔外部性的存在，本地同行业企业的集聚产生规模外部性。高科技产业经历了显著的本地化经济，而机械产业则没有。高科技产业比机械产业更具集聚性。高科技产业与机械产业之间的流动性差异不是基于规模经济和集聚规模的大小，而是可以用机械生产的各个方面来解释，其中

---

① Glenn Ellison，Edward L. Glaeser，William R. Kerr：What causes industry agglomeration? Evidence from coagglomeration patterns，The American economic review，2010，100（3）：1195－1213.

② Antony Potter，H. Doug Watts：Revisiting Marshall's agglomeration economies：technological relatedness and the evolution of the Sheffield metals cluster，Regional studies，2012，48（4）：603－623.

③ Juan Alcácer，Wilbur Chung：Location strategies for agglomeration economies，Strategic management journal，2014，35（12）：1749－1761.

④ Dario Diodato，Frank Neffke，Neave O'Clery：Why do industries coagglomerate? How Marshallian externalities differ by industry and have evolved over time，CID research fellow and graduate student working paper series No. 89，Harvard University，Cambridge，MA，February 2018.

后向和前向联系非常重要。除了在材料来源附近聚集以节省运输成本和投入联系之外，机械工业可能相对不动，因为这些来源在地理上是固定的。[①] 科恩和保罗（Cohen，Paul）关注美国食品制造业，得出集聚效应可能是由知识或其他类型的溢出效应引起，这些溢出效应与本行业（横向）和供给侧或需求驱动（纵向）外部性有关。[②]

（2）报酬递增、运输成本与产业集聚。从规模报酬角度来解释产业集聚形成的路径就意味着要放弃传统新古典经济学以自然资源禀赋作为分析前提的观点。[③] 查曼斯基（Czamanski）等指出经典区位理论重点强调运输成本、区域内劳动力成本差异、规模经济，但很少关注相似或互补的产业活动的空间群体。过去几十年运输技术的伟大进步削弱了这一理论支持的基本假设并进一步限制了其解释力。[④] 藤田昌久和蒂斯（Masahisa Fujita，Thisse）梳理了报酬递增与城市形成的文献，指出经济活动聚集在少数地方的主要原因为完全竞争下的外部性、垄断竞争下的收益递增、战略互动下的空间竞争。首先，企业层面上规模经济的存在是解释集聚现象出现的关键因素。其次，运输成本的长期下降往往加剧了集聚的趋势。[⑤] 克鲁格曼和维纳布尔斯（Krugman，Venables）通过模型推演预测，在运输成本高的情况下，制造业分散在所有国家，但当运输成本降至临界值以下时，“中心—外围”结构自然形成，而处于外围的国家的实际收入会下降。在运输成本更低的情况下，实际收入出现了趋同，边缘国家受益，核心国家可能受损。[⑥] 这些研究表明，运输成本决定产业地理集聚和分散，导致产业地理分布“中心—外围”结构的形成和崩溃。

（3）其他因素对产业集聚的影响。集聚外部性的一个以前没有强调的重要方面是集聚效应至少延伸到三个不同的层面——经济集聚体的产业、地理和时间范围。在每种情况下，集聚经济随着距离的增加而减弱。迄今为止的证据支

---

① J. Vernon Henderson：Marshall's scale economies，Journal of urban economics，2003，53（1）：1−28.

② Jeffrey P. Cohen，Catherine J. Morrison Paul：Agglomeration economies and industry location decisions：the impacts of spatial and industrial spillovers，Regional science and urban economics，2005，35（3）：215−237.

③ 王永齐：《产业集聚机制：一个文献综述》，《产业经济评论》，2012年第1辑，第57～95页。

④ Stan Czamanski，Luiz Augusto de Q. Ablas：Identification of industrial clusters and complexes：a comparison of methods and findings，Urban studies，1979，16（1）：61−80.

⑤ Masahisa Fujita，Jacques − François Thisse：Economics of agglomeration，Journal of the Japanese and international economies，1996，10（4）：339−378.

⑥ Paul Krugman，Anthony J. Venables：Globalization and the inequality of nations，The quarterly journal of economics，1995，110（4）：857−880.

持马歇尔来源全部三种力量的存在。此外，还有证据表明，自然优势、国内市场效应、消费机会和寻租都有助于集聚。[①] 有研究显示社会间接资本投资对于提高集聚程度至关重要。大冢章弘和后藤美香（Akihiro Otsuka，Mika Goto）的研究结果表明，虽然日本都市圈的集聚经济最强，然而随着时间的推移，其他地区的集聚增长更为强劲。这种较大的变化归因于对区域社会间接资本不成比例的投资。[②]

3. 产业集聚与生产率的关系

集聚经济作为空间集中力的思想，促使人们对集聚与生产率之间的关系进行大量研究。基础研究问题包括：集聚是否影响生产率？如果是，在多大程度上有影响？集聚经济的本质是什么，来源是什么？[③] 海尔斯利与斯特兰奇（Helsley，Strange）概括指出，增长需要盈利能力，盈利能力需要生产率，而生产率可以通过集聚经济在动态意义上得到提高。[④] 关于集聚范围的成熟文献，并没有对集聚经济的微观基础给予太多直接的解释。为了将生产率研究解释为对集聚经济微观基础的影响，有两种以更结构化的方式解释结果的方法。一种是格雷泽和马雷（Glaeser，Maré）提出的从集聚经济的动态结构中寻找微观基础的证据。他们发现城市化对工资的积极影响是滞后的。人们倾向于将这一结果解释为反映了工人之间的知识溢出，工资的缓慢增长反映了知识的积累。[⑤] 亨德森（Henderson）提出的另一种方法是研究企业的数量而不是其就业水平对相邻企业生产率的影响。[⑥]

---

① Stuart S. Rosenthal，William C. Strange：Evidence on the nature and sources of agglomeration economies，In：J. V. Henderson，J. F. Thisse（ed.）：Handbook of regional and urban economics（Volume 4），Elsevier B. V.，2004：2119－2171.

② 文中社会间接资本存量包括农林渔业设施、道路、港口、机场、通信、公园、供水和下水道系统、社会保险和福利设施、学校、医院以及水土保持设施。不成比例投资，是指社会间接资本没有投入到高集聚地区，而是集中在低集聚地区。Akihiro Otsuka，Mika Goto：Agglomeration economies in Japanese industries：the Solow residual approach，Annals of regional science，2015，54（2）：401－416.

③ Martin Andersson，Hans Lööf：Agglomeration and productivity：evidence from firm－level data，The Annals of regional science，2011，46（3）：601－620.

④ Robert W. Helsley，William C. Strange：Innovation and input sharing，Journal of urban economics，2001，51（1）：25－45.

⑤ Edward L. Glaeser，David C. Maré：Cities and skills，Journal of labor economics，2001，19（2）：316－342.

⑥ Stuart S. Rosenthal，William C. Strange：Evidence on the nature and sources of agglomeration economie，In：J. V. Henderson，J. F. Thisse（ed.）：Handbook of regional and urban economics（Volume 4），Elsevier B. V.，2004：2119－2171.

对相关国家的实证研究验证了产业集聚对生产率的积极影响。安德森和鲁夫（Andersson，Loof）采用动态面板模型对1997—2004年瑞典制造业进行研究，证实了集聚现象对企业生产率有积极影响；位于集聚区的企业生产效率更高，研究结果显示出积极的学习效应；集聚现象的作用似乎与企业规模没有明显的连接关系。[①] 西科尼（Ciccone）估计了法国、德国、意大利、西班牙和英国的集聚效应，得出经济密度越大则生产率越高。实证结果表明，这些欧洲国家的集聚效应仅略小于美国的集聚效应：欧洲国家平均劳动生产率相对于就业密度的弹性估计为4.5%，而美国为5%。[②] 大冢章弘（Akihiro Otsuka）等将随机前沿分析应用于日本的一个县级数据集，包括1980年到2002年的空间和工业经济活动的估计。实证结果表明，集聚经济和市场准入的改善对日本制造业和非制造业的生产效率都有积极的影响。[③] 密特拉（Mitra）以印度的电气机械和棉纺织业两个产业为例评估集聚经济的重要性。结果显示，技术效率与城市规模之间的正相关关系是显而易见的。因此，过分强调工业分散可能导致对资源的次优利用。[④]

产业集聚对企业生产率的影响存在差异。大量文献为集聚经济对生产率的积极影响提供了证据，然而，对于政策制定者来说，重要的是从更微观的层面理解集聚经济的作用，理清不同行业、企业层面特征和时间的影响。费尔南德斯（Fernandes）等的研究结果表明，集聚经济的规模在不同行业之间存在显著差异，并存在非线性效应，这取决于产业和产品生命周期。这些效应发挥作用的渠道也可能不同，这是由专业化外部性（在同一地区的产业内）和/或城市化外部性（在同一地区的产业间）造成的。决策者需要遵循量身定制的方法，最大限度地提高潜在的生产率。[⑤] 大久保敏弘和富浦英一（Toshihiro Okubo，Eiichi Tomiura）以日本制造业普查数据为基础，实证检验了各地区企业生产率分布的差异，证实了核心区域平均生产率较高的已有结论，但发现

① Martin Andersson，Hans Lööf：Agglomeration and productivity：evidence from firm－level data，The Annals of regional science，2011，46（3）：601－620.

② Antonio Ciccone：Agglomeration effects in Europe，European economic review，2002，46（2）：213－227.

③ Akihiro Otsuka，Mika Goto，Toshiyuki Sueyoshi：Industrial agglomeration effects in Japan：productive efficiency，market access，and public fiscal transfer，Papers in regional science，2010，89（4）：819－840.

④ Arup Mitra：Agglomeration economies as manifested in technical efficiency at the firm level，Journal of urban economics，1999，45（3）：490－500.

⑤ Marli Fernandes，Sílvia Santos，Ana Fontoura Gouveia：The empirics of agglomeration economies：the link with productivity，Boletim mensal de economia Portuguesa，2016（9）：35－46.

企业生产率分布具有广泛的离散性，特别是在核心区域。企业的生产率分布往往明显向左偏离正态分布。这些发现表明，集聚经济有可能容纳异质企业在同一地区共存。[①]

4. 对经济转型国家产业集聚的研究

经济转型国家是指从计划经济转向市场经济的国家。中国也经历了从计划经济到市场经济的转变，对转型国家的研究成果也值得借鉴。转型国家产业布局在计划经济时期依据国家指令等政治性因素，后来在经济转型的过程中，产业布局逐步转向由市场决定，出现了产业集聚现象。由于缺乏资金技术，外商直接投资这个手段在产业布局中具有重要作用。从德鲁和帕斯卡里乌（Dirzu，Pascariu）研究产业部门的空间分布可以看出，为了集聚资产获利，产业集中在某些区域的配置越来越明显。从罗马尼亚和保加利亚经济转型期产业集聚模式来看，这两个国家在转型期经历了生产和劳动力的大规模重新配置，这强烈影响了区域就业集中的格局。结果表明，1999—2000 年，经济活动越来越集中在区域一级。[②] 希尔伯和沃伊库（Hilber，Voicu）研究了不同类型集聚经济的规模，并评估了它们对外国公司在罗马尼亚的区位决策的重要性。他们发现了服务业集聚效应以及国内外产业集聚效应的证据，并证明了这些效应具有经济意义。对比其他最近的研究结果，这一关于服务业集聚和特定产业集聚效应的定性结果很可能代表了中欧和东欧其他转型经济体。[③] 达米恩和科宁斯（Damijan，Konings）分析了斯洛文尼亚集聚经济对以全要素生产率衡量的企业绩效的影响，发现区域知识溢出和国际市场准入对企业全要素生产率有正向影响。这些影响对小微企业和服务业企业更为强烈。而且，当一个地区有更多的外国跨国公司时，知识溢出会被放大。[④] 匈牙利自经济转型进程开始以来，吸引了大量外国直接投资，集聚效应在外资区位决定中具有重要性。劳动力可用度高、工业需求大、制造业密度高的县域吸引了更多的外国直接投资

---

① Toshihiro Okubo，Eiichi Tomiura：Productivity distribution，firm heterogeneity，and agglomeration：evidence from firm－level data，RIETI discussion paper series 10－E－017，April 2010.

② Madalina－Stefania Dirzu，Gabriela Carmen Pascariu：A comparative study on changes in the spatial industry agglomeration in Eastern EU developing countries Romania vs. Bulgaria，Acta Universitatis Danubius. OEconomica，Danubius University of Galati，2013，9（4）：209－220.

③ Christian A. L. Hilber，Ioan Voicu：Agglomeration economies and the location of foreign direct investment：empirical evidence from Romania，Regional studies，2010，44（3）：355－371.

④ Jože P. Damijan，Joezf Konings：Agglomeration economies，globalization and productivity：firm level evidence for Slovenia，VIVES discussion paper No. 21，Katholieke Universiteit Leuven，June 2011.

(FDI)。此外，产业间集聚经济和基础设施可用性也很重要。① 上述研究表明，中、东欧国家经济转型中，产业越来越集聚在某一地区，产业集聚促进了生产率提高。产业集聚也成为吸引外资的因素，并相互促进。

5. 对产业集聚测度的研究

在对产业集聚的实证研究中，需要测度产业集聚程度，由此形成了不同的测度产业集聚的方法。克鲁格曼在 1991 年时提出用空间基尼系数衡量产业空间集聚程度，用于测算美国制造业行业的集聚程度。埃里森和格雷泽(Ellison，Glaeser)于 1994 年建立了一个区位选择模型，模型中企业选择区位是为了最大化利润，考虑了溢出和自然优势两种集聚力。区位溢出包括物理溢出（运输成本降低）和智力溢出；并构建了产业集聚指数，即 EG 指数。②在埃里森和格雷泽研究的基础上，毛雷尔和塞德诺（Maurel，Sédillot）1999 年在对法国工业的地理集中度进行实证研究中，构建了集中度指数（MS 指数）。该指数主要强调溢出效应，可以解释为同一行业中两个业务单元的区位决策之间的相关性。毛雷尔和塞德诺计算了 1993 年法国 273 个四位数制造业行业的 MS 指数，其结果显示，一些高科技产业高度本地化，这支持了技术溢出在产业集聚中可能很重要的观点。③

产业的区域集聚度既可以用静态的存量指标衡量，也可以用动态的流量指标测度。静态指标反映的是某种产业在某地区现有的产值或产量占整个区域的比重，是衡量当前产业分布的存量指标；动态指标则是反映某种产业在一定时间段内向某地区的集聚速度。④ 产业集聚的测度可以针对不同区域（全国或某一省区或某一地理区域）的相关产业或行业进行，以表明产业或行业区域专业化程度。杜兰顿和奥弗曼（Duranton，Overman）在研究英国制造业集聚程度时指出对区域专业化的任何检验都必须依赖的 5 个衡量标准：各行业具有可比性、对整个制造业集聚的控制、对产业集中度的控制、在规模和总量方面无偏

① Fabienne Boudier－Bensebaa：Agglomeration economies and location choice：foreign direct investment in Hungary，Economics of Transition，2005，13 (4)：605－628.

② Glenn Ellison，Edward L. Glaeser：Geographic concentration in U. S. manufacturing industries：a dartboard approach，Journal of political economy，1997，105 (5)：889－927.

③ Françoise Maurel，Béatrice Sédillot：A measure of the geographic concentration in French manufacturing industries，Regional science & urban economics，1999，29 (5)：575－604.

④ 唐运舒、冯南平、高登榜等：《产业转移对产业集聚的影响——基于泛长三角制造业的空间面板模型分析》，《系统工程理论与实践》，2014 年第 10 期，第 2573～2581 页。

差、赋予结果统计意义。[①]

归纳起来，相关文献常用的测度产业集聚的指标有：①赫芬达尔－赫希曼指数（Herfindahl－Hirschman Index，HHI，简称赫芬达尔指数）；②区位基尼系数；③空间分散度指数（spatial separation index，也写作空间分离指数）；④区位商（Location Quotient，LQ）；⑤EG 指数（Ellison－Glaeser 产业集聚指数）；⑥MS 指数（Maurel－Sedillot 产业集聚指数）；⑦产业集中度指数（Concentration Ratio，CR，也称市场集中度指数）等。

为了更好地测度产业集聚，学者们会运用几种方法，同时采用动态区域集聚指数和静态区域集聚指数等多个指标。中国学者近年来也应用产业集聚的测度方法对中国产业集聚相关问题进行分析研究。由于国内多数文献对各种产业集聚指标的应用还处在借鉴和改造国外已有的测度方法中，各种指标在运用中存在局限性，在数据的利用和处理上也有不同方法，各个文献的分析结论存在较大差异，不同文献的分析结论差异会影响到对中国产业集聚和转移趋势的判断。因此，在参考不同文献结论时需要结合其研究背景和实际进行分析。

（二）对中国产业集聚的研究

1. 中国产业集聚的区域分布

从整体来看，东部地区产业集聚程度最高，西部地区近年来产业集聚加速。研究的产业部门集中在制造业。经过多年发展，中国东西部地区形成了产业集聚“中心—外围”模式。

改革开放后，中国政府采取了梯度空间发展战略，特别是 20 世纪 90 年代以来，国家在沿海地区建立经济特区、沿海开放城市、沿海经济开放区等吸引内外资，加上沿海地区邻近国际市场的地理优势和历史形成的工业基础[②]，制造业越来越向沿海有限的几个省市集聚，沿海和内陆的产业结构差异扩大，制造业很多部门地方化（localization）程度加深。这样的政策效应导致了区域经济增长的不均衡。东部沿海地区经济增长迅速，形成“密集”的经济空间，而中西部地区经济增长缓慢，形成“稀疏”的经济空间，工业集聚也逐步形成了

---

① Gilles Duranton，Henry G. Overman：Testing for localization using micro－geographic data，Review of economic studies，2005，72（4）：1077－1106.

② 金煜、陈钊、陆铭：《中国的地区工业集聚：经济地理、新经济地理与经济政策》，《经济研究》，2006 年第 4 期，第 79～89 页。

以东部为中心、中西部为外围的“中心—外围”模式。[①] 同时，伴随着中国从沿海到内陆分区域分阶段逐步推进的经济改革和开放过程，产业集聚也成为中国经济发展中一种普遍存在的经济现象。在区域政策的引导和市场机制的作用下，在中国东部沿海地区呈现明显的制造业空间集聚。[②] 李占国等运用 Carlino 模型分别用就业人数、企业个数、工业总产值方面对中国 1998—2009 年工业集聚进行测算后得出，东部工业集聚效应远高于中部、西部、东北三大板块，是西部的近三倍，东北的两倍多。[③] 吴学花和杨蕙馨、文玫的研究也发现中国一些制造业部门已显现出较高程度的集聚特性，且主要集中在东部沿海省市，但同时一些规模经济和范围经济性强、在国外具有显著集聚特征的产业的集聚性在中国还比较低。[④][⑤]

随着我国经济的发展，区域产业集聚程度发生了一些变化，东部地区出现饱和效应，中西部地区产业集聚程度在上升。大致在 2005 年前后，东中西部产业集聚情况发生了一些变化。陈军等认为 20 世纪 90 年代中期以来中国工业化进程中产业集聚有两个阶段性特征：1996—2005 年是以东部为中心的产业集聚过程，这一阶段早期表现为制造业向东部地区集聚，后期表现为制造业由大城市向周边中小城市转移，由珠三角地区向长三角和环渤海湾地区转移；2005 年以来由单中心集聚结构向多中心均衡结构转变，这一阶段中西部地区已出现规模性的产业转移趋势。[⑥] 徐盈之等分析 2005—2015 年的相关数据后发现：我国东部地区集聚优势明显，但产业集聚程度在降低；中部地区的集聚程度在增加，呈现一种从东部向中部的集聚趋势；西部地区的区位商指数上升和下降幅度并不明显。[⑦] 罗胤晨等的研究得出，中国制造业出现了显著的空间集聚趋势，尤其是向东部沿海地区集中的态势明显，制造业地理集聚存在空间

---

① 邓若冰、刘颜：《工业集聚、空间溢出与区域经济增长——基于空间面板杜宾模型的研究》，《经济问题探索》，2016 年第 1 期，第 66～76 页。

② 冼国明、文东伟：《FDI、地区专业化与产业集聚》，《管理世界》，2006 年第 12 期，第 18～31 页。

③ 李占国、孙久文：《我国四大板块产业集聚经济效应探析》，《经济问题探索》，2011 第 1 期，第 53～57 页。

④ 吴学花、杨蕙馨：《中国制造业产业集聚的实证研究》，《中国工业经济》，2004 年第 10 期，第 36～43 页。

⑤ 文玫：《中国工业在区域上的重新定位和聚集》，《经济研究》，2004 年第 2 期，第 84～94 页。

⑥ 陈军、岳意定：《中国区域产业集聚与产业转移——基于空间经济理论的分析》，《系统工程》，2013 年第 12 期，第 92～97 页。

⑦ 徐盈之、刘琦：《产业集聚对雾霾污染的影响机制——基于空间计量模型的实证研究》，《大连理工大学学报（社会科学版）》，2018 年第 3 期，第 24～31 页。

差异；从时间维度看，1980—2004 年集聚程度呈稳定上升趋势，并在 2004 年达到最高点，而 2004—2011 年集聚程度呈持续下滑态势。[①] 周华蓉等认为 2008 年以来，中国制造业的空间集聚度总体下降，沿海地区产业向中西部地区加速转移，沿海地区生产要素过度集聚状况有所缓解；但在 2012 年，中国制造业空间布局“东倾”特征和过度集聚现象仍然明显。[②]

2. 中国产业集聚的部门差异

不同产业部门在不同地区的集聚程度不同。从具体产业部门分类研究可以看出产业部门在不同地区集聚的差异。张卉研究指出 1996—2005 年间，交通运输设备制造业的集聚程度在全国范围内均呈增长趋势，但是在东部和中部的集聚程度上升较小，而在西部的集聚程度从 1997 年开始呈现大幅上升的趋势；在中国东部和西部地区，通信设备、计算机及其他电子设备制造业的集聚程度均呈现出增长的趋势，但该产业在中部的集聚水平却从 2003 年开始呈递减趋势，并在 2005 年降低到远低于东部和西部地区的水平。[③] 从产业特性看，不同类型产业的空间集聚趋势也存在显著差异。罗胤晨等指出资源依赖型产业空间集聚程度相对较低，而资本和技术密集型产业空间集聚程度较高，劳动密集型产业由于以出口为主导，促进了产业向接近国外市场的东部沿海地区集聚。[④] 周华蓉等根据经济合作与发展组织（OECD）行业分类标准按行业技术水平分类研究发现，2008 年以来中国较低技术行业的空间集聚度明显下降，较高技术行业特别是高技术行业的空间集聚度上升；部分高技术行业在沿海地区集聚度偏高。[⑤]

中国产业集聚变迁的行业差异也体现在产业的要素禀赋差异上。从我国产业集聚的变迁来看，劳动密集型行业和资本技术密集型行业在东中西部的集聚变迁时间不同。劳动密集型产业从 2000 年开始由沿海地区向其他地区转移，并且在 2004 年后呈现加速趋势（以纺织服装制造业为代表）；资本技术密集型

---

① 罗胤晨、谷人旭：《1980—2011 年中国制造业空间集聚格局及其演变趋势》，《经济地理》，2014 年第 7 期，第 82～89 页。

② 周华蓉、贺胜兵：《产业转移加速进程中中国制造业集聚度再测算与演进》，《科技进步与对策》，2015 年第 1 期，第 66～71 页。

③ 张卉：《产业分布、产业集聚与地区经济增长：来自中国制造业的证据》，复旦大学博士论文，2007 年，第 64～65 页。

④ 罗胤晨、谷人旭：《1980—2011 年中国制造业空间集聚格局及其演变趋势》，《经济地理》，2014 年第 7 期，第 82～89 页。

⑤ 周华蓉、贺胜兵：《产业转移加速进程中中国制造业集聚度再测算与演进》，《科技进步与对策》，2015 年第 1 期，第 66～71 页。

行业在2006年以前还在向沿海地区集中，从2007年开始向其他地区转移（以通信设备、计算机及其他电子设备制造业为代表）。[①] 研究表明，随着东部地区产业集聚出现饱和，一些产业开始向中西部地区转移。

3. 中国产业集聚的影响因素

对于中国产业集聚的影响因素，国内学者对马歇尔外部经济三个方面进行了验证。针对劳动力、技术、规模经济等因素对中国产业集聚的影响，王业强等指出，传统的劳动力等比较优势逐渐成为抑制中国制造业地理集中的主要因素；我国制造业地理集中主要由产业的技术偏好、市场规模和产业关联等因素推动，表现出较为明显的区域技术外溢效应，邻近区域之间的后向关联效应较强；产业的规模经济特征的作用效果不明显。[②] 规模经济特征一方面限制了产业空间集中，另一方面又抑制了产业的扩散。但总的来说，规模经济特征具有微弱地促进产业空间集中的趋势。刘修岩运用基于距离的产业集聚测度方法，考察了2003—2007年我国制造业细分行业空间集聚的演变趋势，发现影响我国制造业集聚最重要的因素是马歇尔外部经济中的中间投入共享。劳动力成熟度和知识溢出作用也非常显著，专业化集聚和多样化集聚都能促进企业的创新活动。[③]

地理和市场因素可以解释中国制造业在沿海集聚的原因。金煜等的实证研究强调了经济地理因素，显示中国沿海地区更接近国际市场的地理优势的确有利于工业集聚。[④] 陈军等基于空间经济理论对制造业市场份额、产业规模和区域之间交易成本与产业集聚、转移的关系进行检验和说明，这种产业转移的动力受全球价值链区域分工、中国制造业劳动力结构和政府主导的区域发展战略影响。[⑤] 刘军等的研究结果表明，市场规模和人力资本水平促进了产业集聚，工资成本与运输成本阻碍了产业集聚，环境规制增强长期内有利于产业集聚但

---

① 张公嵬：《我国产业集聚的变迁与产业转移的可行性研究》，《经济地理》，2010年第10期，第1670～1674、1687页。

② 王业强、魏后凯：《产业特征、空间竞争与制造业地理集中——来自中国的经验证据》，《管理世界》，2007年第4期，第68～77页。

③ 刘修岩：《产业集聚的区域经济增长效应研究》，经济科学出版社，2017年，第193页。

④ 金煜、陈钊、陆铭：《中国的地区工业集聚：经济地理、新经济地理与经济政策》，《经济研究》，2006年第4期，第79～89页。

⑤ 陈军、岳意定：《中国区域产业集聚与产业转移——基于空间经济理论的分析》，《系统工程》，2013年第12期，第92～97页。

统计上不够显著，沿海的地理区位也是有利的，经济开放度则呈现反向作用。[①]

政策支持和科研力量也是影响产业集聚的主要因素。比如在西部，交通运输设备制造业的集聚程度从1997年开始呈现大幅上升的趋势，究其原因可能是西部大开发战略提供了在人才和资本上的便利条件和优惠政策。此外，四川、陕西和重庆等地高校和科研院（所）相对密集，有利于通信产业集中于这些地区。[②]

（三）对西部地区产业集聚的研究

改革开放以来，东部地区发展迅速，对东部地区产业集聚的研究相应较多。中国东中西部三大区域的差距仍然是中国区域发展最为突出的问题。区域差距尤其表现在东西部差距上，地区差距又主要表现在工业的差距上，这某种意义上为旨在缩小东西部地区差距的西部大开发提供了实际依据。此外，东中西区域的内部差距也不容忽视。[③] 在前述文献中关于中国产业集聚的研究都呈现出在东西部地区形成了“中心—外围”的模式。周兵等计算中国产业集聚的区域基尼系数得出西部产业集聚的程度低。[④] 2000年后开始实施的西部大开发战略，以及西部地区加快基础设施建设，积极调整产业结构和加大开放力度等政策措施，共同促进了西部的投资环境和基础设施的改善。这同时也吸引了一些曾经集聚于东部地区的企业或产业，开始向中西部地区迁移。

一些文献对西部地区产业集聚的研究着重在产业转移带来的集聚。中西部地区承接东部转移产业是否体现了产业的集聚效应？为了判别制造业是否由东部向中西部转移，胡安俊等考察了细分产业的情况，研究显示中国制造业已经出现了由东部地区向中西部地区的大规模产业转移，产业转入地区国内生产总值（GDP）的增加和通信条件的改善促进了产业转移，而交通设施的改善却

---

① 刘军、段会娟：《我国产业集聚新趋势及影响因素研究》，《经济问题探索》，2015年第1期，第36～43页。

② 张卉：《产业分布、产业集聚与地区经济增长：来自中国制造业的证据》，复旦大学博士论文，2007年，第66页。

③ 邓翔：《中国地区差距的分解及其启示》，《四川大学学报（哲学社会科学版）》，2002年第2期，第31～36页。

④ 周兵、蒲勇健：《一个基于产业集聚的西部经济增长实证分析》，《数量经济技术经济研究》，2003年第8期，第143～147页。

使得产业向外扩散。[①] 周世军和周勤通过选取中国东中西部27个省（区、市）2000—2009年20个两位数制造业数据为样本进行的实证研究表明，东部产业转移至中西部的过程中基本上呈现了集聚效应，且大多数出现于劳动密集型制造业，劳动密集型制造业转移更易在中西部地区形成自我强化的循环累积效应；中西部地方政府在承接东部产业转移的过程中发挥出了积极作用，如配套基础设施和产业链的完善。[②] 孙久文等根据计算得出2005—2010年中西部典型省（区、市）承接境内省外资金速度很快。其中，重庆、陕西、青海、宁夏承接境内省外资金的速度最快。近年来产业转移的加速，省外资金对新的投资领域的注入，促进了中西部地区的自主创新，从而推动产业结构不断升级。但是中西部承接产业转移中存在内生发展机制不完善、投资环境较差、承担污染转移的代价等主要问题。[③]

但是也有文献研究认为西部大开发后一段时期西部地区并未承接大规模的产业转移而形成集聚。从产业增加值的角度看，自西部大开发战略实施至2010年，东部制造业的绝对优势仍然很明显，甚至在扩大，表明东部地区向西产业转移并不明显。从空间经济学区位锁定效应的角度出发分析，也表明了产业向西转移并不活跃。[④] 有学者测算了中国1997—2007年区域间产业转移，发现产业向中西部地区转移的趋势并不明显，表明西部地区承接东部产业转移没有实现培育区域优势产业的预期目标，因此陷入“只见企业，不见产业”的“企业转移陷阱”。[⑤] 陈迅等同时使用卡利诺（Carlino）模型和西格尔（Segal）扩展模型对东西部城域集聚效应大小进行了测度，计量结果表明不管是整个区域还是单个城市，西部集聚效应均小于东部，西部人口密度低、城际距离长、运输成本高、中心城市少，整个区域集聚效应小于东部。[⑥] 马歇尔曾指出当一个产业在某个地方出现后，就趋向于在这个地区长时间发展，因为人们会发现

---

① 胡安俊、孙久文：《中国制造业转移的机制、次序与空间模式》，《经济学（季刊）》，2014年第4期，第1533～1556页。

② 周世军、周勤：《中国中西部地区“集聚式”承接东部产业转移了吗？——来自20个两位数制造业的经验证据》，《科学学与科学技术管理》，2012年第10期，第67～79页。

③ 孙久文、胡安俊、陈林：《中西部承接产业转移的现状、问题与策略》，《甘肃社会科学》，2012第3期，第175～178页。

④ 陈秀山、徐瑛：《中国制造业空间结构变动及其对区域分工的影响》，《经济研究》，2008年第10期，第104～116页。

⑤ 程李梅、庄晋财、李楚等：《产业链空间演化与西部承接产业转移的“陷阱”突破》，《中国工业经济》，2013年第8期，第135～147页。

⑥ 陈迅、童华建：《西部地区集聚效应计量研究》，《财经科学》，2006年第11期，第103～109页。

与近邻之间从事相同的经济活动具有很大的优势。这也可以解释东部地区产业集聚优势的“锁定效应”。

就行业来看，西部地区产业集聚主要发生在劳动密集型和资源及其加工行业，近年来部分技术密集型产业也在西部集聚。有研究发现，各省（区、市）制造业的份额变化以2004—2005年为转折点，显示制造业结构在各省区发生变动，表现为食品轻纺行业为主的制造业开始从沿海省份向中西部转移。[①] 西部大开发以来，我国西部地区产业集聚水平不断提高，西部各省（区、市）的集聚产业有资源密集型产业、劳动密集型产业及资源加工型产业。随着西部大开发的深入推进，西部地区制造业虽然基本局限于劳动密集型、资源密集型和由历史因素重点投入的行业，不过部分技术密集型行业正在西部地区兴起。[②] 当然，中国制造业集聚和转移的态势有各种因素影响，不宜作简单化的判断。影响制造业集聚和转移差异性的因素主要包括区域间空间关系和经济联系的大小、制造业发展阶段等。现阶段，在东部沿海区域，劳动密集型制造业已经是成熟产业，其总体上是扩散性转移，而技术密集型制造业正处于积极发展期。[③] 西部地区应重点加强跨区域交通基础设施建设，加大与周边区域的经济联系，促进制造业集聚。

对于西部地区产业集聚缓慢的原因，朱希伟等指出仅是由中央政府对西部地区的大规模政府支出抑或给予的优惠政策引起，那么东部地区向西部地区的大规模产业转移始终不会发生，除非西部地区人力资本的积累等影响长期经济增长的条件得到根本好转。另外，目前由市场主导的要素流动有进一步向东部集聚的趋势，因此试图使经济活动向中西部分散的区域政策很可能只会起到短暂的效果，最终很可能是“代价巨大”。[④]

近年来，西部地区还通过吸引外商直接投资增长促进产业集聚。尤其自2007年美国爆发次贷危机以来，中西部地区以其产业扶持政策和人力资源成本优势，吸引了外商直接投资，进而促进产业集聚，对西部地区经济发展产生了明显的促进作用。FDI在促进产业集聚方面存在区域和行业差异。马静等计算了1995年、2004年制造业行业集中度，横向来看，外商直接投资促进型高

---

① Ruan Jianqing, Zhang Xiaobo: Do geese migrate domestically? Evidence from the Chinese textile and apparel industry, IFPRI discussion paper 01040, December 2010.

② 李扬：《西部地区产业集聚水平测度的实证研究》，《南开经济研究》，2009年第4期，第144～151页。

③ 覃成林、熊雪如：《我国制造业产业转移动态演变及特征分析——基于相对净流量指标的测度》，《产业经济研究》，2013年第1期，第12～21页。

④ 朱希伟、陶永亮：《经济集聚与区域协调》，《世界经济文汇》，2011年第3期，第1～25页。

端制造业集聚主要集中在东部地区，西部地区的重庆也属于外商直接投资促进型高端制造业集聚，内蒙古、贵州、云南、甘肃和新疆属于原发型低端制造业集聚，青海属于外商直接投资促进的原发型低端制造业集聚，广西属于外商直接投资促进型偏低端制造业集聚，宁夏和四川向外商直接投资促进的原发型低端制造业集聚方向发展，陕西制造业向原发型低端集聚发展，中西部地区的低端制造业的比较优势通过集聚更加巩固和强化。①

近年来对中国区域产业集聚的代表性研究归纳见表1-1。

表1-1 近年对中国区域产业集聚的代表性研究

研究者	测度方法	研究时段	产业部门	主要结论
梁琦，2003	基尼系数值	1994、1996、2000	24个工业两位数代码行业，制造业三位数代码171个行业	1994—2000年我国工业基尼系数平均水平提高了。产业空间布局受要素禀赋的影响，知识密集型高科技产业和劳动密集型产业空间集中程度更高。
冼国明、文东伟，2006	产业方差系数、行业绝对和相对集中度	1980、1985、1995、2004	制造业28个行业	绝大部分行业主要集中在江苏、广东、上海、山东、浙江、辽宁等东部沿海几个省市。
路江涌、陶志刚，2006	行业胡佛（Hoover）系数、EG指数	1998—2003	制造业两位、三位和四位代码行业	我国行业区域聚集程度持续上升，但与西方国家相比，还处于较低水平。
金煜、陈钊、陆铭，2006	各地区工业产值占当年全国工业生产总值比重	1987—2001	工业	沿海地区更接近国际市场的地理优势的确有利于工业集聚。
范剑勇，2008	行业的空间基尼系数	1980—2001	制造业两位数行业	大部分行业的空间集中有很大提高，出口型制造业行业的集聚水平最高，电子及通信设备制造业集聚水平也在前列。沿海地区内部，长三角、珠三角、环渤海都市圈制造业日益集聚。
赵伟、张萃，2009	各省市制造业产值占全国的比重	1987、2000、2005	制造业	制造业在东部沿海地区集聚，而加入WTO后则进一步提高了东部地区制造业集聚程度。

① 马静、赵果庆：《中国地区制造业集聚与FDI依赖——度量、显著性检验与分析》，《南开经济研究》，2009年第4期，第90～108页。

续表

研究者	测度方法	研究时段	产业部门	主要结论
贺灿飞、潘峰华，2011	基尼系数	1980—2008	两位数制造业	东部地区产业集聚明显，有7个产业东部比重超过80%；江苏、广东、山东和浙江等东部沿海省份占比较高。
罗胤晨、谷人旭，2014	区位基尼系数、产业地理集中度	1980—2011	19个两位数制造业	中国制造业出现了显著的集聚趋势，尤其是向东部沿海地区集中的态势明显，制造业地理集聚存在空间差异。
刘修岩，2017	基于距离的产业集聚测度方法	2003—2007	制造业三位代码细分行业	中成药制造业最为分散；服装、皮革工业与专用设备制造业主要集聚在长三角；电子器件制造业主要集中在长三角和珠三角；蔬菜、水果和坚果加工业兼有集聚与分散的特征：在山东相对集中，在长三角、珠三角和川渝集聚度也很高。
原毅军、郭然，2018	区位商	2008—2015	制造业	绝大部分省份制造业产业集聚水平处于倒“U”形曲线左侧，尚未到达实现规模经济的“门槛值”；东部省份过高的集聚水平，已经显现出“拥挤效应”。

资料来源：根据相关作者论文整理

二、对产业集聚与环境污染关系的研究

大量文献研究表明，产业集聚、经济增长与环境污染之间存在联系。随着贸易与投资的发展，也产生了与之相关的环境问题。产业集聚程度越来越高虽然有助于经济增长，但产业集聚发展中产生的污染物排放量也会增加，导致环境问题很突出。由于污染物是产业发展过程中的必然产物，所以产业集聚发展与环境污染之间必然存在一定的关联。学者们对产业集聚与环境污染关系的研究综述从三个层面展开：一是经济、贸易与环境关系的研究，二是产业聚集对环境污染影响的研究，三是针对产业集聚与环境污染关系的政策设计。

（一）关于经济、贸易与环境关系的研究

关于产业集聚与环境污染关系的研究借鉴了关于经济、贸易与环境关系的研究成果。随着经济增长和贸易发展，国外学者对于贸易投资与环境的关系、

经济增长与环境的关系进行了研究，并提出了两个相关假说。在经济发展与环境污染关系的研究中，提出了“环境库兹涅茨曲线假说”（EKC假说）；在发展中国家接受发达国家产业转移过程的研究中，提出了“‘污染天堂’假说”（PHH）。这些假说是从经验出发得到的，是否具有普遍性并未得到证实。大量文献就不同国家的情况对这些假说进行验证，得出了不同结论。经济增长究竟是恶化了环境质量还是改善了环境质量总是存在争议。[①] 格罗斯曼和克鲁格（Grossman，Krueger）运用全球环境监测系统（GEMS）的数据，对城市空气污染浓度等指标进行分析后指出没有证据显示环境会随着经济增长持续恶化，在经济活动与环境质量之间的关系中验证了一个倒“U”形关系的环境库兹涅茨曲线（EKC），拐点是人均收入8000美元。至于贸易和环境的关系，贸易壁垒的减少一般会通过扩大经济活动的规模、改变经济活动的构成和改变生产技术从而影响环境。[②] 在贸易与环境的关系中，科普兰和泰勒（Copeland，Taylor）以及安特维勒（Antweiler）等验证了“污染天堂”假说和要素禀赋假说。[③④] 穆尔蒂（Murthy）等将“污染天堂”假说（PHH）纳入EKC的研究，对印度进行实证分析，在印度背景下结合了EKC和PHH的影响。通过模拟GDP和二氧化碳排放量（总量和人均）之间的关系，证实印度在1991—2014年间呈现出“N”形EKC模式，这意味着在相对较高的收入水平上，清洁技术带来的好处要大于由于过度消费导致的环境退化。因此，他们认为，就“N”形EKC而言，绿色技术的收益正被过度消费不环保的产品抵消。印度可能正在陷入发达经济体已经经历过的陷阱。[⑤]

针对中国近年经济高速增长同时产生的环境污染问题，国内相关文献也对中国是否存在环境库兹涅茨曲线进行过验证，但存在不同结论。

一是中国经济增长与环境污染之间存在EKC特征。王飞成等利用1992—2011年我国29个省级面板数据，通过构造环境污染综合指标，分析了经济增

---

① William A. Brock，M. Scott Taylor：Economic growth and the environment：a review of theory and empirics，NBER working paper No. 10854，October 2004.

② Gene M. Grossman，Alan B. Krueger：Environmental impacts of a North American free trade agreement，NBER working paper No. 3914，November 1991.

③ Brian R. Copeland，M. Scott Taylor：International trade and the environment：a framework for analysis，NBER working paper No. 8540，October 2001.

④ Werner Antweiler，Brian R. Copeland，M. Scott Taylor：Is free trade good for the environment?，American economic review，2001，91 (4)：877-908.

⑤ K. V. Bhanu Murthy，Sakshi Gambhir：Analyzing environmental kuznets curve and pollution haven hypothesis in India in the context of domestic and global policy change，Australasian accounting，business and finance journal，2018，12 (2)：134-156.

长对环境污染的影响及区域性差异。研究发现，从全国范围来看，经济增长对环境污染的影响符合环境库兹涅茨曲线假说，且已处于倒“U”形曲线的下降部分；东部地区和中部地区存在倒“U”形关系并处于其下降部分，西部地区呈现出“N”形关系并处于右侧上升部分。[①] 张红凤等利用1986—2005年数据发现，山东和全国的人均化学需氧量排放与人均国内生产总值之间都存在库兹涅茨倒“U”形曲线关系。[②] 高宏霞等选取了2000—2009年全国31个省（区、市）的资料，得出废气和二氧化硫的排放量数据均与环境库兹涅茨曲线吻合。[③] 彭水军等运用1996—2002年我国30个省级面板数据验证，发现工业废水排放、二氧化硫与人均国内生产总值具有库兹涅茨倒“U”型曲线关系。[④] 陈华文等利用上海市环保局1990—2001年度有关空气质量的环境指标数据，验证了人均收入与环境质量之间的关系。结果发现，对于总悬浮颗粒（TSP）、氮氧化物指标而言，环境库兹涅茨曲线假说成立。[⑤] 朱平辉等基于中国1989—2007年30个省级面板数据的空间固定效应模型，发现人均工业废水中化学需氧量、人均工业二氧化硫排放量、人均工业烟尘排放量、人均工业粉尘排放量、人均工业固体废物排放量的环境库兹涅茨曲线呈现典型的倒“U”形曲线。[⑥] 刘金全等对我国29个省（区、市）1989—2007年环境污染人均指标与人均收入数据建模，结果表明，人均废水排放量随人均收入增加均呈现先上升后下降的变化趋势，具有环境库兹涅茨曲线特征。[⑦] 赵璟等应用2003—2016年中国30个省级行政区面板数据，采用空间面板模型分析了经济增长对三种环境污染物的影响，发现经济增长与工业废水的排放的关系呈倒“U”形。[⑧]

---

① 王飞成、郭其友：《经济增长对环境污染的影响及区域性差异——基于省际动态面板数据模型的研究》，《山西财经大学学报》，2014年第4期，第14～26页。

② 张红凤、周峰、杨慧等：《环境保护与经济发展双赢的规制绩效实证分析》，《经济研究》，2009年第3期，第14～26、67页。

③ 高宏霞、杨林、付海东：《中国各省经济增长与环境污染关系的研究与预测——基于环境库兹涅茨曲线的实证分析》，《经济学动态》，2012年第1期，第52～57页。

④ 彭水军、包群：《经济增长与环境污染——环境库兹涅茨曲线假说的中国检验》，《财经问题研究》，2006第8期，第3～17页。

⑤ 陈华文、刘康兵：《经济增长与环境质量：关于环境库兹涅茨曲线的经验分析》，《复旦学报（社会科学版）》，2004年第2期，第87～94页。

⑥ 朱平辉、袁加军、曾五一：《中国工业环境库兹涅茨曲线分析——基于空间面板模型的经验研究》，《中国工业经济》，2010年第6期，第65～74页。

⑦ 刘金全、郑挺国、宋涛：《中国环境污染与经济增长之间的相关性研究——基于线性和非线性计量模型的实证分析》，《中国软科学》，2009年第2期，第98～106页。

⑧ 赵璟、李颖、党兴华：《中国经济增长对环境污染的影响——基于三类污染物的省域数据空间面板分析》，《城市问题》，2019年第8期，第13～23页。

闫新华等运用 VAR 模型对山西 1985—2006 年数据分析，结果表明，山西经济增长与环境污染存在动态意义上的倒“U”形关系。[①]

二是中国经济增长与环境污染不存在环境库兹涅茨曲线特征。范俊韬等以 2006 年我国省级层面的环境和经济统计数据为基础进行研究得出，在空间尺度上，我国没有出现环境库兹涅茨曲线特征，经济越发达地区的环境污染越严重。[②] 曹光辉等选取 1985—2003 年数据进行回归分析，表明我国在这一时期处于环境污染恶化阶段，没有证据显示我国已经存在环境库兹涅茨曲线现象，但也不排除正处于环境库兹涅茨曲线的上升阶段的可能。[③] 马树才等分别对我国 1986—2003 年的工业废水、工业废气和工业固体废物的环境库兹涅茨曲线进行的估计，结果表明，只有工业固体废物污染程度指标是随人均国内生产总值的增长而下降的，因此，没有证据表明我国人均国内生产总值的增加有助于解决环境问题。[④] 陈玉山以我国东部地区 11 个省（区、市）2006—2015 年污水排放为研究对象，发现东部地区污水排放指标与经济发展之间的关系呈现出了不同的规律性，与传统的环境库兹涅茨曲线不尽相同。[⑤] 涂正革采用方向性环境距离理论评价了我国 30 个省（区、市）1998—2005 年环境、资源与工业增长的协调状况，得出我国区域间环境工业协调性极不平衡的结论，中西部地区环境技术效率普遍较低，陕西、山西、广西、甘肃和宁夏等地区工业与环境关系严重失衡。[⑥]

对于“污染天堂”假说在我国是否成立，也存在不同研究结论。对欠发达地区而言，环保标准的持续降低，虽然有利于吸引更多内外资，承接更多产业转移，加快区域产业结构调整和市场化进程[⑦]，但也会带来更多环境问题。根据产业转移假说和“污染天堂”假说，制造商倾向于向环境标准较低的地区转

---

① 闫新华、赵国浩：《经济增长与环境污染的 VAR 模型分析——基于山西的实证研究》，《经济问题》，2009 年第 6 期，第 59～62 页。

② 范俊韬、李俊生、罗建武等：《我国环境污染与经济发展空间格局分析》，《环境科学研究》，2009 年第 6 期，第 742～746 页。

③ 曹光辉、汪锋、张宗益等：《我国经济增长与环境污染关系研究》，《中国人口资源与环境》，2006 年第 1 期，第 25～29 页。

④ 马树才、李国柱：《中国经济增长与环境污染关系的 Kuznets 曲线》，《统计研究》，2006 年第 8 期，第 37～40 页。

⑤ 陈玉山：《基于环境库兹涅茨曲线的城市化和污水排放实证研究——以中国东部省际面板数据为例》，《河海大学学报（哲学社会科学版）》，2018 年第 4 期，第 67～74、93 页。

⑥ 涂正革：《环境、资源与工业增长的协调性》，《经济研究》，2008 年第 2 期，第 93～105 页。

⑦ 许和连、邓玉萍：《外商直接投资导致了中国的环境污染吗？——基于中国省际面板数据的空间计量研究》，《管理世界》，2012 年第 2 期，第 30～43 页。

移，导致产业集聚演变，从而影响集聚经济的具体形态。① 一些相关研究为“污染天堂”假说的存在提供了有力的证据。② 由于相邻城市或地区之间的产业集聚在吸引 FDI 方面存在竞争关系，而地方政府间的竞争又将带来“竞次”效应导致污染加剧。③ 侯伟丽等先从理论上分析了“污染天堂”假说在中国存在的可能性，进而利用 1996—2010 年省级面板数据进行实证研究证实了该效应的存在，该效应的显现存在一定的滞后，滞后 1 期时效应最明显；分时段的分析显示，随着我国环境管制强度整体增加和产业结构变化，“污染天堂”效应增强。④ 然而也有研究否定了“污染天堂”假说在我国的存在。杨仁发的研究表明，在中国，外商直接投资和科技创新在一定程度上改善了环境污染，“污染天堂”假说在中国并不成立；而在中国环境规制并未改善环境污染，能源消费也不是环境污染加剧的主因。⑤ 曾道智和赵来勋（Dao－Zhi Zeng，Laixun Zhao）的研究证明了制造业集聚能够减轻“污染天堂”假说。⑥ 李勇刚和张鹏选取了中国 1999—2010 年 31 个省（区、市）的面板数据构建联立方程模型，分别从全国层面和东中西部三大地区层面，实证研究了产业集聚对环境污染的影响。结果发现，对外开放程度对环境污染的影响显著为负，从整体上来看，“污染天堂”假说在中国并不成立。⑦ 从相关文献分析来看，“污染天堂”假说在中国存在不同验证结果，但是在中国引进外资的进程中以及区域产业转移进程中，对“污染天堂”假说的验证都是必要的。林伯强使用 2000—2011 年的相关数据，检验“世界—中国”和“东部—西部”两种经济活动转移过程中的环境污染机制。结果表明，对中国来说，前者引致的环境污染正在

① Jie He：Pollution haven hypothesis and environmental impacts of foreign direct investment：the case of industrial emission of sulfur dioxide（SO_2）in Chinese provinces，Ecological economics，2006，60（1）：228－245.

② 应瑞瑶、周力：《外商直接投资、工业污染与环境规制——基于中国数据的计量经济学分析》，《财贸经济》，2006 年第 1 期，第 76～81 页；吴玉鸣：《外商直接投资与环境规制关联机制的面板数据分析》，《经济地理》，2007 年第 1 期，第 11～14 页。

③ 孙浦阳、韩帅、靳舒晶：《产业集聚对外商直接投资的影响分析——基于服务业与制造业的比较研究》，《数量经济技术经济研究》，2012 年第 9 期，第 40～57 页。

④ 侯伟丽、方浪、刘硕：《“污染避难所”在中国是否存在？——环境管制与污染密集型产业区际转移的实证研究》，《经济评论》，2013 年第 4 期，第 65～72 页。

⑤ 杨仁发：《产业集聚能否改善中国环境污染》，《中国人口·资源与环境》，2015 年第 2 期，第 23～29 页。

⑥ Dao－Zhi Zeng，Laixun Zhao：Pollution havens and industrial agglomeration，Journal of environmental economics and management，2009，58（2）：141－153.

⑦ 李勇刚、张鹏：《产业集聚加剧了中国的环境污染吗——来自中国省级层面的经验证据》，《华中科技大学学报（社会科学版）》，2013 年第 5 期，第 97～106 页。

减弱，而后者引致的环境污染不仅存在，而且对于西部地区来说，其环境污染转移弹性高于前者。因此，新一轮以环境治理为标的而引致的东西部经济转移过程，可能加速东西部的污染转移。[①]

从上述文献来看，中国环境污染与经济增长之间的关系具有不确定性，是否具有环境库兹涅茨曲线和"污染天堂"特征很大程度上取决于度量指标以及估计方法的选取，且全国不同区域以及不同省（区、市）的情况都存在差异。

（二）产业集聚对环境污染的影响

产业集聚对我国区域环境污染起着何种作用？我国西部地区产业集聚对环境污染有何影响？如何实现产业集聚与区域环境保护协调发展？产业集聚发展中如何避免"污染天堂"效应？相关研究表明，产业集聚发展具有环境外部性，但究竟是正外部性还是负外部性则存在不同的研究结果。因此，厘清产业集聚与环境污染两者之间的关系有助于对产业集聚这一发展模式进行科学的评价。如果在某一地区由于产业集聚发展导致环境污染加剧，那么在对区域产业布局时就需要权衡其经济利益和环境代价，这对于正在通过产业集聚政策实现经济发展但环境相对脆弱的中西部地区意义更大。[②] 相反，如果产业集聚发展有助于降低环境污染，那么它也是解决环境污染这一系统工程的重要举措。

在产业集聚发展与环境污染之间关系的分析和研究中，主要有三种观点：一是产业集聚加剧环境污染；二是产业集聚减少环境污染；三是二者为非线性关系，在产业集聚的不同阶段对环境的效应不同，产业集聚可能在短时间内对生态环境污染起到一定的缓解作用，但是产业集聚在长时间内与缓解生态环境污染并没有必然关系。

一是认为产业集聚会对环境产生负面影响，加重环境污染问题，因为由产业集聚带来的产能扩张和能源消费量增加导致环境污染加重。

产业集聚地区多为城市及其周边地区，一些研究认为产业集聚会造成城市群地区污染加重，以及水资源短缺、土壤污染、生物多样性减少等生态环境问题。我国过去大量消耗资源和破坏环境的低层次产业集聚模式，在地区产业集聚过程中面临着严重的环境损害。[③] 产业集聚对环境具有负外部性，抑制了环

① 林伯强、邹楚沅：《发展阶段变迁与中国环境政策选择》，《中国社会科学》，2014 年第 5 期，第 81～95 页。

② 闫逢柱、苏李、乔娟：《产业集聚发展与环境污染关系的考察——来自中国制造业的证据》，《科学学研究》，2011 年第 1 期，第 79～83 页。

③ 朱英明：《产业集聚、资源环境与区域发展研究》，经济管理出版社，2012 年，第 5 页。

境的改善。产业集聚程度与产业污染物排放强度之间存在正相关关系，产业集聚水平越高的行业，污染排放强度越高。[①] 有研究显示，产业集聚导致周边水环境质量变差。一项将开发区与中国水质观测点进行匹配的准自然实验研究表明，设立开发区后周边河流水质出现了明显恶化，生化需氧量和氨氮污染物指标显著上升。排放污染物的企业在设立开发区后出现了明显的规模扩张，而新进入的企业是导致上述扩张的重要原因。[②] 有学者利用 2005—2014 年中国 276 个地级及以上城市面板数据实证研究发现，制造业集聚显著增加了城市污染排放。[③]

国外相关研究也显示，产业集聚能显著加剧环境污染。环境外部性和集聚外部性会同时产生，生产集聚会导致环境质量恶化。但是追求环境目标的代价是减少经济集聚。[④] 欧洲环境署调查认为城市空气污染是欧洲主要的环境问题，过去工业和能源生产是主因，现在主要来自道路交通。主要污染物为二氧化硫、二氧化氮、可吸入颗粒物（PM10）、铅、臭氧、一氧化碳和苯。[⑤] 越南自 1986 年引入革新政策以来，快速的国内经济增长和产业化导致严重的环境污染，其河内衲河（Nhue River）流域遭受了重金属集中污染。[⑥] 产业和人口过度集中，超过了区域的环境承载力。产业集聚带来的规模效应和拥挤效应将会加大污染。[⑦]

二是产业集聚有助于减轻污染。有研究表明，产业集聚有利于降低环境污

---

① 杨帆、周沂、贺灿飞：《产业组织、产业集聚与中国制造业产业污染》，《北京大学学报（自然科学版）》，2016 年第 3 期，第 563～573 页。

② 王兵、聂欣：《产业集聚与环境治理：助力还是阻力——来自开发区设立准自然实验的证据》，《中国工业经济》，2016 年第 12 期，第 75～89 页。

③ 杨敏：《产业集聚对工业污染排放影响的实证研究——基于制造业集聚和服务业集聚对比的研究》，《求实》，2018 年第 2 期，第 59～74 页。

④ Erik T. Verhoef，Peter Nijkamp：Externalities in urban sustainability：environmental versus localization-type agglomeration externalities in a general spatial equilibrium model of a single-sector monocentric industrial city，Ecological economics，2002，40 (2)：157-179.

⑤ Frank A. A. M. de Leeuw，Nicolas Moussiopoulos，Peter Sahm，et al：Urban air quality in larger conurbations in the European Union，Environmental modeling & software，2001，16 (4)：399-414.

⑥ Tetsuro Kikuchi，Takuma Furuichi，Huynh Trung Hai，et al：Assessment of heavy metal pollution in river water of Hanoi，Vietnam using multivariate analyses，Bulletin of environmental contamination & toxicology，2009，83 (4)：575-582.

⑦ Martin Andersson，Hans Lööf：Agglomeration and productivity：evidence from firm-level data，The annals of regional science，2011，46 (3)：601-620.

染程度，产业集聚并不是近年来环境污染和生态破坏加剧的原因。[①] 产业集聚具有正环境外部性，其主要原因在于产业集聚加剧了竞争，企业为了提升生产效率，会采用新技术。一般来看，新技术比旧技术在环境保护方面有提升。而且产业集聚带来的技术扩散与知识外溢为企业采用环保型生产技术提供了可能。[②] 从实际数据看，当技术进步或产业结构优化，特别是产业结构调整时，资源向污染排放较少的产业转移，因此产出虽然增长，但是污染排放仍可能减少。[③] 受经济集聚影响，技术的创新对环境污染集聚有显著的抑制作用。[④] 另外，产业集聚使得关联企业之间综合利用原料、能源以及“三废”资源，减少污染排放。徐盈之等采用 2005—2015 年中国 30 个省（区、市）的相关数据，研究了产业集聚对雾霾污染的影响。研究结果表明，产业集聚规模的扩大和产业集聚能力的提升会降低雾霾污染程度。[⑤] 产业集聚一方面通过市场机制促进竞争来提高资源配置效率；另一方面还通过公共产品和中间产品共享、知识溢出效应等，促使环境保护技术创新，提高能源利用效率，减少污染排放。

三是产业集聚对环境污染的影响不确定。在产业集聚的不同阶段其环境效应不同，呈现倒“U”形、“N”形等关系。

其一，产业集聚对环境污染的影响呈倒“U”形。原毅军等选取工业二氧化硫排放量作为环境污染的衡量指标，发现产业集聚与环境污染呈倒“U”形关系，而技术创新在决定“拐点”的位置上发挥了关键作用；中国绝大部分省（区、市）均位于倒“U”形曲线的左侧，即产业集聚水平尚未跨越门槛值而发挥环境正外部性。[⑥] 张可等指出，工业集聚与污染排放强度呈现出倒“U”形关系，工业集聚超过一定的临界水平后可实现减排效应，集聚对不同类型污染物排放的影响存在差异。[⑦] 黄娟和汪明进也得出产业集聚与环境污染之间呈

---

① 李勇刚、张鹏：《产业集聚加剧了中国的环境污染吗——来自中国省级层面的经验证据》，《华中科技大学学报（社会科学版）》，2013 年第 5 期，第 97～106 页。

② Moriki Hosoe，Tohru Naito：Traps－boundary pollution transmission and regional agglomeration effects，Papers in regional science，2006，85（1）：99－120.

③ 涂正革：《工业二氧化硫排放的影子价格：一个新的分析框架》，《经济学（季刊）》，2010 年第 1 期，第 259～282 页。

④ 刘满凤、谢晗进：《中国省域经济集聚性与污染集聚性趋同研究》，《经济地理》，2014 年第 4 期，第 25～32 页。

⑤ 徐盈之、刘琦：《产业集聚对雾霾污染的影响机制——基于空间计量模型的实证研究》，《大连理工大学学报（社会科学版）》，2018 年第 3 期，第 24～31 页。

⑥ 原毅军、谢荣辉：《产业集聚、技术创新与环境污染的内在联系》，《科学学研究》，2015 年第 9 期，第 1340～1347 页。

⑦ 张可、豆建民：《工业集聚有利于减排吗》，《华中科技大学学报（社会科学版）》，2016 年第 4 期，第 99～109 页。

现倒“U”形曲线关系。①

其二，产业集聚与环境污染呈现“N”形关系。刘小铁利用我国制造业分行业1999—2012年数据研究得出我国制造业集聚程度与环境污染之间为“N”形曲线。② 有研究通过区分产业集聚度与人口集聚度水平后得出，高产业集聚度和高人口集中度城市的EKC曲线为“N”形，而低产业集聚度和低人口集中度城市的EKC曲线为倒“N”形，即经济密度或人口密度越高的城市，经历“高增长带来高污染—高增长减少污染—高增长带来高污染”的过程；而经济密度或人口密度越低的城市，经历“高增长减少污染—高增长加重污染—高增长减少污染”的过程。③

其三，闫逢柱等运用面板误差修正模型对中国制造业两位数的行业分类2003—2008年的数据进行实证分析，发现短期内制造业产业集聚发展有利于降低环境污染，长期内制造业产业集聚发展与环境污染之间不具有必然的因果关系。④ 胡飞基于半参数面板数据模型利用我国30个省级单位2004—2010年的数据考察工业集聚对我国东部、中部、西部地区环境污染的影响。结果表明：在东部、中部与西部地区，各类污染物的排放量与工业集聚水平之间均呈现非线性关系；在特定地区，工业集聚对各类污染物排放量的具体影响存在异质性；工业集聚对特定类型污染物排放量的具体影响存在区域差异。⑤ 这些研究表明产业集聚对环境污染的影响存在不确定性，要视具体情况而定。

关于产业集聚对环境质量影响的研究，由于污染物指标的选取不同，计量方法不同，会得出不同结论。对于近来国内相关研究总结如表1-2。

---

① 黄娟、汪明进：《科技创新、产业集聚与环境污染》，《山西财经大学学报》，2016年第4期，第50～61页。

② 刘小铁：《我国制造业产业集聚与环境污染关系研究》，《江西社会科学》，2017年第1期，第72～79页。

③ 马素琳、韩君、杨肃昌：《城市规模、集聚与空气质量》，《中国人口·资源与环境》，2016年第5期，第12～21页。

④ 闫逢柱、苏李、乔娟：《产业集聚发展与环境污染关系的考察——来自中国制造业的证据》，《科学学研究》，2011年第1期，第79～83页。

⑤ 胡飞：《工业集聚对我国区域环境污染的影响研究》，《黑龙江工业学院学报（综合版）》，2017年第12期，第47～51页。

表 1－2 近年来国内关于产业集聚影响环境污染的代表性研究

主要结论	研究者	污染物	产业集聚测度方法和研究时段	主要控制变量
产业集聚水平越高的行业，污染排放强度越高	杨帆等，2016	工业废水、工业 SO_2、工业烟尘	空间基尼系数；2005—2009	产业所有制、劳动力密集、能源消耗、产业增长趋势、产业固定资产投资强度、东部地区产业占比
制造业集聚显著增加了城市污染排放	杨敏，2018	工业 SO_2	区位商；2005—2014	经济发展水平、外商直接投资、经济结构、技术进步、环境规制、人口规模
产业集聚有利于降低环境污染程度	李勇刚等，2013	环境污染综合指标（包括工业废水、工业固体废物、工业废气、工业 SO_2、工业烟尘、工业粉尘）	区位商；1999—2010	经济发展水平、对外开放度、环保意识、技术进步、产业结构
产业集聚有利于雾霾治理	徐盈之等，2018	PM2.5	集聚规模、集聚能力；2005—2015	产业结构、对外开放水平、经济发展水平、城市化水平
产业集聚与环境污染呈倒“U”形关系	原毅军等，2015	工业 SO_2	区位商；1999—2012	技术创新、地区经济发展水平、环境规制强度、地区产业规模、能源消费结构
工业集聚与污染排放强度呈倒“U”形关系	张可等，2016	工业污染综合指数（包括工业 SO_2、工业废水、工业粉尘）	工业产出密度；2002—2011	劳动生产率、地区发展水平、技术进步、产业结构、对外开放程度、环境规制
制造业集聚程度与环境之间为“N”形曲线	刘小铁，2017	工业 SO_2	EG 指数；1999—2012	技术创新、环境规制、外资企业进入程度、国有化率、经济规模、人均资本存量

续表

主要结论	研究者	污染物	产业集聚测度方法和研究时段	主要控制变量
不确定。短期内集聚有利于降低环境污染，但长期内不具有必然的因果关系。	闫逢柱等，2011	环境污染指数（包括工业废水、工业 SO_2、工业烟粉尘）	空间基尼系数；2003—2008	无

资料来源：根据相关作者论文整理

综合来看，产业集聚对环境的影响主要取决于集聚的负外部性和正外部性两种效应的合力大小。

（三）针对产业集聚与环境污染关系的政策设计

在产业集聚与环境污染关系的实证分析中，学者也会针对性提出相关政策设计。针对产业集聚对环境污染的显著门槛特征，需动态处理产业集聚与环境污染的关系，杨仁发认为，在产业集聚水平发展过程中，应针对不同地区制定差异化的政策。对于产业集聚水平较低的地区，需要通过提高产业集聚程度促进经济增长，但与此同时，选择引进具有先进技术的外商直接投资和实施严格的环境规制等政策组合，以减少环境污染，避免走“先污染后治理”的老路。在产业集聚水平较高的地区，需要关注产业合理集聚，避免产业过度集聚，推动产业结构高级化，引导向高技术和高附加值产业集聚发展。[①] 在产业集聚发展的同时，不断提升环保标准，完善相关法规和政策，优化产业结构，形成循环经济产业链，使污染排放不随产业集聚度的提高而增加。[②]

在产业园区建设中，注重新进企业的节能减排。王兵等的研究发现，排放污染物的企业在设立开发区后出现了明显的规模扩张，而新进入的企业是导致上述扩张的重要原因。因此，严控集聚区内污染企业新增产能，特别是严格把关集聚区内新企业的环保准入，是解决上述污染问题的有效途径。实现集聚发

① 杨仁发：《产业集聚能否改善中国环境污染》，《中国人口·资源与环境》，2015 年第 2 期，第 23～29 页。

② 刘习平、盛三化：《产业集聚对城市生态环境的影响和演变规律——基于 2003—2013 年数据的实证研究》，《贵州财经大学学报》，2016 年第 5 期，第 90～100 页。

展与生态环境“双赢”。[①] 政府为了实现环保目标而建立统一工业园区进行规模化的污染治理，既有利于共享治污资源、节约治污成本，又便于政府进行集中监管。[②]

在经济发展中，要平衡产业集聚和环境保护，充分利用市场竞争。许和连等提出了“行业间策略性减排”观点，行业间策略性减排是指不同行业的污染排放水平存在相互依赖的现象，是一种特殊的污染外溢。这种污染外溢主要通过市场竞争及出于制度或心理上的“公平”考虑而产生的攀比效应发生。[③] 因此，在招商引资中，注重引进清洁产业，尤其鼓励中小企业通过集聚发展形成有利于节能减排的产业分工。

政府可以通过合理的产业布局和改进审查程序，促进产业集聚与环境保护，这对于发展中国家和经济落后地区产业集聚发展尤其重要。基里亚科普卢（Kyriakopoulou）等认为，由于环境污染影响，将经济活动拒之门外将意味着过高运输成本和生产力损失。在平衡这些力量时，监管者最优的做法是在离地点不远的地方创建两个具有自然成本优势的集群。通过这种方式，运输成本不会有很大的增加，这两个集群的生产力得到了保证，污染也没有在单中心情况下积累得那么多。因此，在运输成本和生产力方面创建这两个集群所造成的损失，将会通过减少有成本优势地点的过量污染及其对邻近地点的影响而被抵消。[④] 穆尔蒂（Murthy）等在针对避免印度成为“污染天堂”方面提出政策建议，认为不加选择地引进和鼓励增加污染水平的外商直接投资在印度是不受欢迎的，需要改进审查程序，以确定引进那些不会在印度倾销污染技术的外商投资。[⑤]

对产业集聚影响环境污染的机制进行分析，从而提出有针对性的促进产业集聚发展同时避免环境污染的政策，是产业集聚与环境污染关系研究的重要目的。

---

① 王兵、聂欣：《产业集聚与环境治理：助力还是阻力——来自开发区设立准自然实验的证据》，《中国工业经济》，2016年第12期，第75～89页。

② 原毅军、谢荣辉：《产业集聚、技术创新与环境污染的内在联系》，《科学学研究》，2015年第9期，第1340～1347页。

③ 许和连、邓玉萍：《外商直接投资、产业集聚与策略性减排》，《数量经济技术经济研究》，2016年第9期，第112～128页。

④ Efthymia Kyriakopoulou，Anastasios Xepapadeas：Environmental policy，first nature advantage and the emergence of economic clusters，Regional science and urban economics，2013，43（1）：101－116.

⑤ K. V. Bhanu Murthy，Sakshi Gambhir：Analyzing environmental kuznets curve and pollution haven hypothesis in India in the context of domestic and global policy change，Australasian accounting，business and finance journal，2018，12（2）：134－156.

三、文献述评

从以上文献来看，对于产业集聚及其与环境污染的关系的研究已经取得了不少成果。对于产业集聚的研究，国外学者主要研究了产业集聚的类型、产业集聚对生产率的影响、产业集聚与区位选择、产业集聚的影响因素等方面的问题；国内学者也对中国产业集聚的分布、产业集聚的影响因素进行了研究，并借鉴了国外产业集聚研究的测度方法。对于产业集聚机制及其影响的研究也在进一步深入和细化。对于产业集聚与环境污染关系的研究，20 世纪 90 年代以来国外学者发表的关于贸易与环境关系的文章为经济增长、产业集聚与环境污染的相关研究提供了分析思路。近年来，随着中国产业集聚程度不断提高，环境污染也在不断加剧，国内学者对中国产业集聚与环境污染关系的研究不断增多，他们大多借鉴了格罗斯曼和克鲁格关于贸易与环境的研究思路，以及科普兰和泰勒关于贸易与环境的研究模型。但是，现有中国产业集聚与环境污染关系的研究也存在不足，值得继续研究。主要不足在于：对中国整体制造业与环境污染的研究较多，对于西部地区制造业集聚与环境污染的研究不多；对于污染排放指标的选取大多为单一指标，如选取二氧化硫排放量作为环境污染指标的居多，对于其他污染物研究较少；另外，实证分析中由于模型设定、参数选取、数据处理方面的不同，造成对同一产业同一地区的研究结论有差别，未能形成一致的结论。因此，需要对不同地区，尤其是西部地区制造业集聚对环境污染进行深入研究，并对制造业集聚对不同污染物的影响加以考虑，丰富现有的研究成果。

第三节 总体思路与结构安排

一、研究思路

本研究专注于制造业。在国民经济部门中，农业、采掘业的布局都与自然资源禀赋密切相关，它们的空间分布主要是由第一特征的地理因素决定的。服务业的集聚依赖于人口集聚，以及为制造业以及其他产业服务。制造业的空间定位具有内生性，大多数产业的重新定位和集聚都发生在制造业部门。因此关于集聚经济效应的讨论主要集中于制造业。①

本书从环境经济学、产业经济学和区域经济学理论出发，结合其他相关学科的分析方法，对西部地区制造业集聚对环境污染的影响进行研究。空间经济学也为本书提供了理论视角。空间经济学的研究范畴是经济活动的空间分布和地理特征②，经济活动最突出的地理特征是集中。③ 一定数量的集中便形成集聚，集聚是现实经济活动的重要特征，是空间经济学的核心概念。

本书首先对制造业集聚对环境污染影响的理论机制进行分析总结，然后对西部地区制造业集聚程度以及工业污染排放强度进行测度和分析，接着对西部地区制造业集聚对环境污染的影响进行计量分析，以期准确把握西部地区制造业集聚影响环境污染的因素和程度，从而对西部地区制造业发展和环境保护提出相关政策建议。最后在依据相关研究得出结论的基础上，提出西部地区制造业集聚与环境保护协调发展的路径。

本书研究路线如图 1－1 所示。

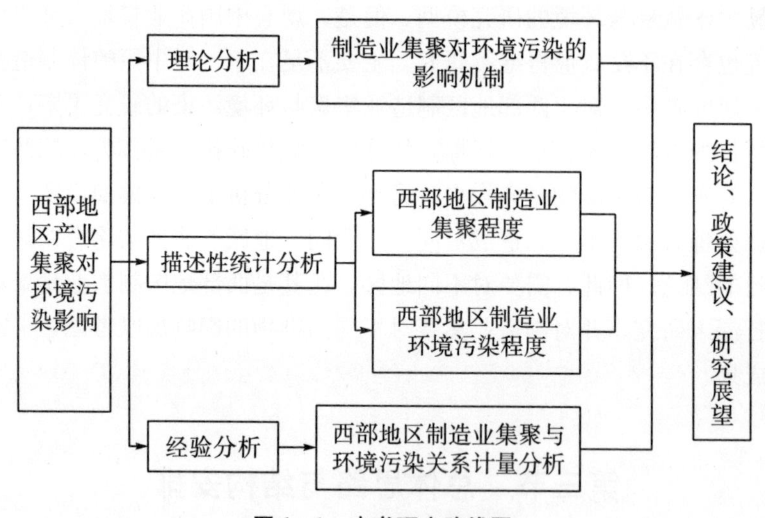

图 1－1　本书研究路线图

① 刘修岩：《产业集聚的区域经济增长效应研究》，经济科学出版社，2017 年，第 114 页。

② 梁琦：《产业集聚论》，商务印书馆，2004 年，第 20 页。

③ 保罗·克鲁格曼：《地理和贸易》，张兆杰译，北京大学出版社、中国人民大学出版社，2000 年，第 5 页。

二、结构安排

第一章为概论。阐述研究背景与研究意义，对研究区域进行界定。重点对近年来产业集聚及其影响因素、中国及西部地区产业集聚、产业集聚与环境污染的关系方面的研究成果进行梳理和述评。对本书总体思路与结构安排、研究方法、创新之处以及值得改进之处进行说明。

第二章为相关理论基础。阐述产业集聚及其对环境污染影响相关理论，包括产业集聚理论和环境外部性理论，并分析产业集聚的环境外部性相关假说。

第三章对产业集聚对环境污染影响的机制进行分析。主要分析产业集聚对环境污染的规模效应、结构效应和技术效应，结合产业集聚生命周期理论分析产业集聚不同阶段对环境污染的影响。最后形成西部地区制造业集聚对环境污染的影响机制的分析框架及理论假说。

第四章对西部地区制造业集聚程度和工业污染排放强度进行分析。分析西部地区制造业集聚程度，分别用行业集中度指数、空间基尼系数、EG 指数、区位商指数测算西部地区制造业集聚的行业分布和地理分布，探讨西部地区制造业集聚水平动态变化情况，并分析重污染行业集聚水平，还要分析西部地区制造业承接转移和吸引外资情况。对于西部地区工业污染排放强度进行分析，首先要对西部地区工业污染进行总体考察；其次分类分析，包括工业废气排放（含工业二氧化硫排放、工业烟粉尘排放）、工业废水排放（含工业 COD 排放）、工业固体废物排放；最后就主要工业污染物排放强度以及能耗强度进行西部与全国比较。由于大气污染和水污染是当前面临的主要环境污染问题，因此重点分析西部地区的大气污染和水污染特征。

第五章对西部地区制造业集聚对环境污染影响进行计量分析。运用计量模型对西部地区制造业集聚对环境污染的影响进行验证，从整体上分析西部地区制造业集聚对工业废水、工业废气、工业固体废物等不同污染物排放的影响，并得出相关结论。

第六章针对实证分析结果，提出在经济高质量发展要求下西部地区制造业集聚与环境保护协调发展的路径，包括促进资源节约环境友好的制造业集聚发展、高质量招商引资带动西部地区制造业集聚和节能减排、完善环境规制体系，促进制造业绿色转型、发挥社会监督功能，促进政府、企业和公众环保意识提升等。

第七章为研究结论、政策启示与研究展望。

第四节　研究方法

本研究综合应用了环境经济学、产业经济学、区域经济学等学科的理论与方法，系统研究西部地区产业集聚对环境污染的影响。主要研究方法包括：

（1）定性分析与定量分析相结合。通过相关文献资料查阅和分析，对西部地区产业集聚和环境污染相关数据进行收集，以期对西部地区产业集聚和环境污染的现状进行总体和分类分析，并形成客观描述。同时，运用相关计量模型对西部地区产业集聚对环境污染的影响进行研究和分析。将定性分析作为研究基础，定量分析作为研究拓展，两者有机结合，可有效研究西部地区产业集聚和环境污染的相关问题。

（2）规范分析与实证研究相结合。在构建计量模型前，充分研究与西部产业集聚和环境污染有关的文献及成果，进行完整的规范分析，以此作为计量研究基础，提炼出产业集聚影响环境的相关因素。运用计量模型等工具，实证分析产业集聚对环境污染影响的相关因素，指出其影响力大小。最后根据模型验证的结论，为西部制造业产业发展和环境保护存在的问题找到解决对策。

（3）比较分析方法。通过对西部地区与国内其他地区和国外有关地区制造业集聚和环境污染情况进行对比分析，从而更好地得出相应经验和对策。

（4）历史和逻辑相结合分析。对西部制造业集聚和环境污染进行历史回顾，主要是改革开放以来的发展情况，总结西部地区制造业发展中环境污染的历史经验和教训。同时对西部地区制造业集聚和环境污染的关系进行逻辑分析。这样有利于形成研究的整体性、结构性、层次性和历史性，可以更好地找出存在的问题，分析问题的成因，为对策的制定奠定理论基础。

（5）实证分析工具的运用。①产业集聚度测算工具，包括行业集中度指数、空间基尼系数、区位商指数、EG 指数等。②计量模型分析，用于解释变量之间的关系。

第五节　创新之处

本书的创新点在于以下三个方面。

（1）西部地区制造业集聚与环境污染呈现“N”形关系。估计结果表明，制造业产业集聚的区位商指数对工业废气总体排放强度、工业二氧化硫排放强度、工业废水排放强度、工业固体废物排放强度的回归系数符号符合预期，制造业集聚与环境污染呈现“N”形关系。这说明，当制造业集聚水平较低时，制造业集聚对污染排放产生放大作用，制造业集聚首先是产业规模的扩大，产业规模扩大，意味着污染物排放相应增加；当制造业集聚水平处于成熟稳定期后，制造业集聚超过第一个临界点，集聚正外部性逐渐显现，制造业集聚对污染排放产生抑制作用；随着制造业集聚程度继续提高突破第二个临界点形成过度集聚，拥挤效应进一步显现，可能又会导致大规模的污染。“N”形曲线关系可以看作倒“U”形曲线关系的延伸，在倒“U”形阶段之后，制造业集聚程度超过一定值，则形成过度集聚，意味着随着制造业过度集聚带来的拥挤效应加大，负外部性大于正外部性，污染程度会加大。

（2）环境规制、外商直接投资等外部因素对西部地区制造业污染排放影响不显著。对此要结合具体情况具体分析。环境规制能否发挥作用，取决于政府对于产业发展与环境保护的平衡。对于外商直接投资是否能在一定程度上加剧或改善西部地区的环境污染存在着两种可能，外商直接投资的“污染天堂”效应或者“污染光环”效应在西部地区可能同时存在。

（3）运用行业集中度指数、空间基尼系数、EG 指数、区位商指数等多个集聚评价指标，采用产值和就业两个维度的数据，对西部地区制造业和制造业内部 27 个细分行业的集聚水平进行了定量分析，多指标、多维度、多层次地展现了西部地区制造业集聚特征和演变轨迹，弥补了现有研究主要采用单一指标分析以及缺乏细分行业分析的不足。

当然，本书也还有值得继续改进之处。展望未来研究，在区域选择、行业分类、参数选取等方面还值得继续细化、优化。

第二章　产业集聚及其对环境污染影响相关理论基础

第一节　产业集聚理论

一、产业集聚理论的回顾

产业集聚是产业经济学、区域经济学、城市经济学、新经济地理学、经济地理学等学科研究的核心问题之一。对产业集聚的研究可以追溯到杜能(Thünen) 1826年提出的农业区位论，即从空间区位的角度来研究农业生产问题。亚当·斯密 (Adam Smith) 1776年在《国富论》中阐述的分工理论为产业集聚提供了理论基础。产业集聚理论经历了新古典经济学的外部经济理论、工业区位论、熊彼特 (Schumpeter) 的创新产业集聚论、胡佛 (Hoover) 的产业集聚最佳规模论、新经济地理学的“中心—外围”结构和波特的竞争优势理论等发展阶段。

新古典经济学家马歇尔 (Marshall) 最早对产业集聚现象进行了专题研究。马歇尔从生产经济的观点研究了地区分布问题、交通工具对于工业地理分布的影响[①]，并提出了内部经济与外部经济的分类以及影响产业集聚的因素。马歇尔1890年在《经济学原理》中提出了“内部经济”和“外部经济”概念，认为产业集聚来自“外部经济”，中间投入品生产的规模经济、知识溢出、专

① 阿尔弗雷德·马歇尔：《经济学原理》，宇琦译，湖南文艺出版社，2012年，第217页。

业化劳动力市场共享是产业集聚的根源。①

工业区位论创始人韦伯（Weber）在1909年出版的《工业区位论》中开始使用集聚（agglomeration）一词，提出“集聚经济”的概念，集聚理论研究产业的地方集中化，即产业的空间集聚。韦伯认为集聚因素是一种“优势”，或者是一种生产的廉价，或者是生产在很大程度上被带到某一地点所产生的市场化。② 韦伯归纳出两种形态的集聚：经营规模扩大而带来的集聚，同一地理区域的多种企业间协作、分工和共享基础设施而带来的集聚。韦伯把集聚与分散作为一组因素，所有分散因素的真实性质只是集聚产生的相反倾向而已。对任一集中化的工业，集聚和分散因素的相互作用总能产生单位产品的一定成本指数，该指数就是集中化规模的函数。集聚力主要来自规模经济、企业协作、劳动力组织变化等；分散力则主要来自伴随工业集聚而不断上升的地租。因此当集聚获得的利益比运输成本（或劳动成本）节约额大时，工业布局就会倾向于集聚。③ 勒施（Losch）发展了工业区位论，形成“市场区位理论”。与韦伯的运费节约不同，勒施认为企业区位选择是按照利润最大化原则，寻找最有利的生产中心、消费中心和供应地区。个别企业区位选择引起的“反作用”，会影响其竞争者、购买者和供应者。城镇是企业区位的点状集聚。勒施还提出了“经济区”概念，他认为市场区是由于各种纯经济力相互作用而产生，经济集聚区是集中力和分散力两种纯经济力作用的结果，集中力表现为专业化和大规模生产的利益，分散力表现为运费低廉化和多样化生产的利益。④

在韦伯之后，熊彼特提出创新产业集聚、胡佛提出产业集聚最佳规模等集聚理论。熊彼特认为创新会推动产业集聚，发展可以定义为执行新组合，新组合通常体现在新企业中，新企业在旧企业旁边和它一起开始进行生产。新组合一旦出现，就会成组或成群地不连续地出现。新组合的成群出现，能够解释繁荣时期资本投资增加、生产原料消费的增加、新的购买力的大量出现等根本特征。⑤ 熊彼特所述新组合就是创新。创新通过企业间的竞争与合作以及企业集

---

① 阿尔弗雷德·马歇尔：《经济学原理》，宇琦译，湖南文艺出版社，2012年，第216页。

② 阿尔弗雷德·韦伯：《工业区位论》，李刚剑、陈志人、张英保译，商务印书馆，2010年，第130～131页。

③ 阿尔弗雷德·韦伯：《工业区位论》，李刚剑、陈志人、张英保译，商务印书馆，2010年，第9页。

④ 奥古斯特·勒施：《经济空间秩序》，王守礼译，商务印书馆，2010年，第5～7、34、85、183页。

⑤ 约瑟夫·熊彼特：《经济发展理论》，何畏、易家祥、张军扩等译，商务印书馆，2000年，第73～74、249、256页。

聚得以实现。胡佛认为自然禀赋差异、经济活动密切联系和空间距离的存在是产业发展空间区域专业化产生的原因。胡佛区分了三个层次的规模经济——“区位单位”经济、“公司”经济和“聚集体”经济。他指出如果这些经济各自得以达到最大值的规模，则分别是区位单位最佳规模、公司最佳规模和集聚体最佳规模。胡佛认为产业集聚是一种经济优势。他将集聚经济划分为内部规模经济、地方化经济和城市化经济，并认为外部经济是产业集聚的主要原因。[①]

但是，产业集聚理论产生后，一直没有引起主流经济学的重视。直到20世纪90年代迈克尔·E. 波特（Michael E. Porter）和保罗·克鲁格曼（Paul Krugman）的研究使得经济集聚的研究再度兴起。

克鲁格曼开创的新经济地理学研究使产业集聚纳入主流经济学的范畴。迪克西特－斯蒂格利茨（Dixit－Stiglitz）模型（D－S模型）是国际贸易、经济增长以及当今的经济地理领域中大量经济理论的基础。[②] D－S模型将规模报酬递增和不完全竞争纳入经济模型，解决了内部规模经济无法和竞争性的市场结构相兼容的问题。克鲁格曼以规模报酬递增、不完全竞争的市场结构为假设前提，并与区位理论中的运输成本相结合，在D－S模型的基础上，构建了“中心—外围”模型（CP模型），证明了产业集聚是由规模报酬递增、运输成本和生产要素移动通过市场传导的相互作用产生的。克鲁格曼和藤田昌久（Masahisa Fujita）等指出，产业集聚是较低的运输成本、较大的规模经济和较大的制造业份额三者的结合所致。[③] 这些生产和人口地理集中的要素，都与市场潜力强烈相连，对制成品的需求越大，越有利于形成最佳制造业区位。[④]

波特从竞争优势的角度对产业集群进行了探讨，在产业集聚的研究中也具有重要地位。波特指出，长期以来，区位的作用一直被忽视，尽管有明显的证据表明许多领域的创新和竞争成功都在地理上集中。产业集群代表了一种新的区位思考方式，它挑战了许多关于企业应如何配置、大学等机构应如何为竞争成功做出贡献以及政府应如何促进经济发展和繁荣的传统智慧。集群对竞争的

---

① 埃德加·M. 胡佛：《区域经济学导论》，王翼龙译，商务印书馆，1990年，第8、91～107页。

② 藤田昌久、保罗·克鲁格曼、安东尼·J. 维纳布尔斯：《空间经济学：城市、区域与国际贸易》，梁琦主译，中国人民大学出版社，2005年，第8页。

③ Paul Krugman：Increasing returns and economic geography，Journal of political economy，1991，99（3）：483－499；Masahisa Fujita：A monopolistic competition model of spatial agglomeration：a differentiated product approach，Regional science and urban economics，1988，18（1）：87－124.

④ Paul Krugman：First nature，second nature，and metropolitan location，Journal of regional science，1993，33（2）：129－144.

影响有三方面：提高本地区企业的生产率；引领创新的方向和步伐，从而支撑未来生产率的增长；刺激新业务的形成，从而扩大和加强集群本身。[①] 波特看到创新对竞争的重要作用，与熊彼特的观点有相似之处。但波特没有看到不同集群之间的差异，认为所有行业都可以是知识密集型的，这也是其理论的局限。

空间经济学把产业集聚也作为其研究范畴。空间经济学关注（稀缺）资源的空间配置和经济活动的区位。根据对这个定义的理解，空间经济学的领域可能非常广泛，也可能相当狭窄。[②] 1956 年艾萨德（Isard）出版了《区位与空间经济》一书，主张从空间经济出发研究区位论。长期以来，空间经济学的边界并不清晰，经济学者多以克鲁格曼的新经济地理学作为空间经济学研究框架最终形成的标志。[③] 广义上，空间经济学包含了与空间维度有关的经济学分支学科中的内容。在研究时，空间经济学和新经济地理学常常未加区分。[④] 空间经济学作为多学科的融合，注重资源配置的空间维度。空间经济学把集聚作为主线，包括三个层次：第一层次是产业的区位，第二层次是城市，第三层次是区域非均衡发展。[⑤] 当然，也有学者认为，空间经济学未形成独立系统的理论范式，其中还存在着部分理论界定模糊、基本理论内涵缺失、整体理论体系割裂等问题。[⑥] 尽管对空间经济学的理论范式还存在着分歧，但空间经济学对产业集聚机制的研究丰富了产业集聚研究方法。

从产业集聚的相关理论来看，不同理论对于产业集聚影响因素分析的着重点不同，强调程度也不同。归纳起来主要有物质和自然资源禀赋因素、经济地理因素两大类。比较优势理论强调资源禀赋因素的影响，新经济地理理论强调经济地理因素的影响，新贸易理论则强调这两种因素的共同作用。具体说来，推动和影响产业集聚的影响因素还有很多，简新华等将影响产业集聚的因素概括为自然禀赋和运输成本、规模经济和外部经济、分工专业化和协作、制度和

---

① Michael E. Porter：Clusters and the new economics of competition，Harvard business review，1998，76（6）：77—90.

② Matias Vernengo，Esteban Perez Caldentey，Barkley J. Rosser Jr（ed）：The New Palgrave Dictionary of Economics（Third Edition），Macmillan Publishers Ltd.，2018：12784.

③ 梁琦：《空间经济学：过去、现在与未来——兼评〈空间经济学：城市、区域与国际贸易〉》，《经济学》，2005 年第 4 期，第 1067～1086 页。

④ 殷广卫：《新经济地理学视角下的产业集聚机制研究》，上海人民出版社，2011 年，第 20～21 页。

⑤ 梁琦：《产业集聚论》，商务印书馆，2004 年，第 22 页。

⑥ 孙浩进：《传承与超越：空间经济学理论范式的创新路径》，《深圳大学学报（人文社会科学版）》，2017 年第 6 期，第 113～119 页。

政府政策、经济全球化和外商直接投资等5个方面。[①] 不同地区不同时期，各种因素对产业集聚的影响程度和效果是不同的。

产业集聚理论从新古典经济学开端到新经济地理学纳入主流经济学范畴，成为相关经济学科研究的对象，研究主题不断深入，研究范围也不断拓展。

二、产业集聚相关概念界定

产业集聚（industrial agglomeration），是指产业在某个特定地理区域内高度集中，产业资本要素在空间范围内不断汇聚的一个过程，也指产业群集或产业集结。城市经济学以及新经济地理学文献不断阐述的主要空间特征是“集聚”，即经济活动不成比例地集中在一小部分地区。[②] 在相关研究中，也有人使用“产业集中”描述企业空间移动和集聚的现象，但“集聚”（agglomeration）一词不像“集中”（concentration）一词那样含混不清，经济集聚的概念准确地反映了真实世界的情形。[③] 产业集聚即区域产业空间集聚，根据企业间的分工合作关系来看，可以分为互补型产业集聚和共生型产业集聚。[④] 集中只是研究特定的经济活动，如石油化工行业；而集聚则分析更大范围内经济活动区位分布，如整个制造业。[⑤]

与产业集聚相关的概念有产业集群（industrial cluster）、产业聚集（industrial aggregation）、产业共聚（industrial coagglomeration）。产业集聚主要是研究产业的空间布局及其分布形态，尤其是产业从分散到集中的空间转变过程。产业集聚在某一共同空间发展，可以共享基础设施，带来规模经济效益。因此，产业集聚有时又称为产业聚集（industrial aggregation），但产业聚集强调空间过程，是指事物的空间集中过程。产业集聚与产业集群两个概念关系密切，都是指产业在一定区域的空间集中，但是两者又有区别。1990年波特在《国家竞争优势》一书最先提出用产业集群一词对企业在区域内的产业地理集中现象进行分析。波特将集群描述为在特定领域既竞争又合作的相互联系

---

① 简新华、杨艳琳：《产业经济学》，武汉大学出版社，2009年，第155～158页。

② Pierre Philippe Combes，Gilles Duranton，Henry G. Overman：Agglomeration and the adjustment of the spatial economy，Papers in regional science，2010，84（3）：311－349.

③ 藤田昌久、蒂斯：《集聚经济学：城市、产业区位与全球化（第2版）》，石敏俊等译，格致出版社、上海人民出版社，2015年，第2页。

④ 王家庭：《区域产业的空间集聚研究》，经济科学出版社，2013年，第119页。

⑤ 叶振宇：《中国制造业集聚与空间分布不平衡研究：基于贸易开放的视角》，经济管理出版社，2013年，第5页。

的公司、专业供应商、服务提供者、相关产业的企业和相关机构（例如大学、标准机构和行业协会）的地理集中度。产业在地理上形成集群是波特竞争优势理论的核心。[①] 产业链联系是产业集群产生的原因。虽然产业集群的概念众多，但这些概念有一个共同的核心，即区域产业集群为区域内生产类似或相关产品、使用类似的生产过程或从事类似的职能（总部、研究与开发）的公司组成。区域不一定是一个地区，可能是互联网上互动的一个空间。[②] 产业的空间集聚可以形成产业集群，但并不是所有的产业集聚都可以形成产业集群。产业集群强调的是纵向专业化分工或者横向竞争、合作关系，而产业集聚，既具有空间聚集性又具有产业的网络关联性。[③] 产业集聚的结果是形成了产业集群。产业集聚与产业集群都研究产业空间范围的高度集中，但产业集聚强调产业资本要素在空间范围内不断汇聚的过程，包括行业层面和地区层面的汇聚；而产业集群强调特定产业的关联性以及企业和相关机构的竞争与合作关系，倾向于研究专业化分工的产业空间组织。[④] 产业集聚强调的是过程，产业集群强调的是最终形态。虽然产业集聚和产业集群的概念存在争议，但大多数研究者认为，两者之间在研究方法和应用的理论方面可以是等同的。从经济学意义上来说，两者没有本质区别。在相关文献中，也有人使用工业集聚、经济集聚等词进行相关研究。产业共聚（industrial coagglomeration）是指多样化的产业集聚，产业间通过价值链作用形成空间共聚，强调跨产业空间分布的依赖、联结与互动关系。[⑤]

产业集聚概念在很多相关文献中都没有给出一个明确的解释，但可以看出，学术界关于产业集聚的概念都强调空间位置和过程。近年来，产业集聚的定义从有关产业之间相互关系的角度出发，但由于经济学、地理学、管理学等学科研究产业集聚时侧重点不一样，故而产业集聚的定义也不尽相同。本研究所指的产业集聚是指产业在地理空间内的集中，企业可以是同类，也可以是上

---

① Michael E. Porter：The competitive advantage of nations，Free Press，1990：855.

② Hal Wolman，Diana Hincapie：Clusters and cluster－based development policy，Economic development quarterly 2015，29（2）：135－149.

③ 冯薇：《产业集聚与生态工业园的建设》，《中国人口·资源与环境》，2006 年第 3 期，第 51～55 页；陈本炎、魏宇、官雨娴：《产业集群与经济增长——基于西部地区装备制造业集群的实证分析》，《工业技术经济》，2014 年第 7 期，第 19～25 页；严含、葛伟民：《“产业集群群”：产业集群理论的进阶》，《上海经济研究》，2017 年第 5 期，第 34～43 页。

④ 郭利平：《产业集聚和 FDI 因果关系实证研究》，经济科学出版社，2013 年，第 6～8 页。

⑤ 陈露、刘修岩、叶信岳等：《城市群视角下的产业共聚与产业空间治理：机器学习算法的测度》，《中国工业经济》，2020 年第 5 期，第 99～117 页。

下游关联企业，以及价值链上的空间集聚，并伴随服务、研发的集聚。

三、产业集聚的影响因素

产业为什么集聚，影响产业集聚有哪些因素，经济学家对此进行了分析。马歇尔认为产业集聚来自“外部经济”，这被称为“马歇尔外部性”。其后影响产业集聚的因素的相关理论被称为产业集聚的外部性，主要包括马歇尔外部性、雅各布斯外部性、波特外部性。由于外部性的存在，企业在进行区位选择时，会考虑位于该区域内的相邻企业情况。自马歇尔提出外部经济概念后，庇古对外部性问题做了较为系统的分析。但是外部性概念很难准确定义，不同的经济学家对于外部性提出了不同的定义和解决方法。科斯和诺思作为新制度经济学的代表人物，科斯主要谈到了负外部性。诺斯等在分析所有权时指出，外部性的产生是由于私人和社会的收益和成本之间的不一致给第三方带来的某些收益和成本。他认识到其对经济主体的积极影响。[①] 外部性可以是正面的也可以是负面的。在经济学教科书中，萨缪尔森等认为，外部性本质是一种“溢出效应”，或是“收益”或是“损失”，这种效应的发生依赖于主体在生产、消费过程中对他人造成的种种影响。[②] 外部性的概念有多种定义，集聚外部性是指经济主体在同一区域集聚而产生的溢出效应。

（一）马歇尔外部性（Marshallian Externalities）

产业集聚之所以能够形成，在于产业集聚的外部性。外部性被认为是产业集聚形成的关键性因素。马歇尔 1890 年所著的《经济学原理》第四篇“土地、劳动力、资本和组织”提出了“外部经济”概念，这就是后来的外部性概念。马歇尔认为，生产要素通常分为土地、劳动和资本三类，但有时需要把“工业组织”分离出来作为一个特别的生产要素。工业组织体现为分工、专门技能、知识和机械的改进、产业相对集中、大规模生产以及企业管理等。对于工业组织这类生产要素怎样促进生产扩大，马歇尔把因任何一种货物的生产规模的扩大而产生的经济分为两种：外部经济是依赖于此工业的整体水平提高的经济，内部经济是依赖于从事此工业的个别企业的资源、组织和效率的经济。外部经

---

① 道格拉斯·诺斯、罗伯特·托马斯：《西方世界的兴起》，厉以平、蔡磊译，华夏出版社，2009 年，第 6 页。

② 保罗·萨缪尔森、威廉·诺德豪斯：《经济学（第 16 版）》，萧琛等译，华夏出版社，1999 年，第 29 页。

济非常重要，这种经济常常能因许多性质类似的小型企业集中在特定的地方——通常所说的工业地区分布而取得。[①] 制造业规模优势的最好例证，是制造业具有自由选择地点的能力。马歇尔进一步说明两个结论：一是任何货物的总生产量增加，一般会增大一个代表性企业的规模，因而就会增加它所有的内部经济；二是总生产量的增加，经常会增加它所获得的外部经济，因而使它能花费在比例上较以前为少的劳动和代价来制造货物。[②] 可见，外部经济的概念从一开始就与空间集聚的现实紧密相连。[③]

马歇尔外部性或集聚外部性阐明的是产业集聚发生的原因，其中心思想是特定区域的生产集中通过知识溢出效应、劳动力池、近距离的专业供应商，对该区域的厂商带来外部利益。马歇尔提出一个三重分类法，用现代术语来说，工业区源自知识溢出、为专业技能创造固定市场的优势以及与本地市场相关的前后向关联。[④] 三种不同类型的马歇尔外部性的相对重要性已经引起了一个多世纪的争论。这三种马歇尔集聚理论对一个产业的空间分布作出了同样的预测，即由于它们为彼此带来利益，从事类似活动的经济机构往往会聚集在一起。这种集聚利益的汇合使得很难确定哪一种理论最有分量来解释人们观察到的产业空间集中的趋势。[⑤]

马歇尔外部性指出了集聚产生的三个主要原因，即劳动力市场共享、投入产出关联和知识溢出。后来的学者对外部性进行了实证研究。对于知识溢出效应，肯尼斯·阿罗（Kenneth Arrow）和保罗·罗默（Paul Romer）进行了扩展。肯尼斯·阿罗认为大多数学习都发生在实践过程中，新技术往往是从积累的知识库中涌现出来的。同样，保罗·罗默假设知识具有不断增长的收益（因为溢出效应），并提出了一个内生的长期增长模型。格雷泽（Glaeser）等人1992年汇集了马歇尔、阿罗、罗默关于知识溢出的观点，命名为“马歇尔－阿罗－罗默外部性”（Marshall－Arrow－Romer Externalities），简称“MAR

---

① 阿尔弗雷德·马歇尔：《经济学原理》，宇琦译，湖南文艺出版社，2012年，第116、197、209页。

② 阿尔弗雷德·马歇尔：《经济学原理》，宇琦译，湖南文艺出版社，2012年，第222、205～251页。

③ 藤田昌久、保罗·克鲁格曼、安东尼·J. 维纳布尔斯：《空间经济学：城市、区域与国际贸易》，梁琦主译，中国人民大学出版社，2005年，第23页。

④ 藤田昌久、保罗·克鲁格曼、安东尼·J. 维纳布尔斯：《空间经济学：城市、区域与国际贸易》，梁琦主译，中国人民大学出版社，2005年，第7页。

⑤ Dario Diodato，Frank Neffke，Neave O'Clery：Why do industries coagglomerate? How Marshallian externalities differ by industry and have evolved over time，CID research fellow and graduate student working paper series No. 89，Harvard University，Cambridge，MA，February 2018.

外部性”。MAR外部性认为，产业集中有助于企业之间的知识溢出，从而促进该产业增长。硅谷的计算机芯片就是一个很好的例子。[①] 通过搜集情报、模仿和高技能劳动力在企业间的快速流动，思想在邻近的公司中迅速传播。MAR理论还像熊彼特一样预测，地方垄断对增长的促进优于地方竞争，因为地方垄断限制了思想流向他人，从而允许创新者将外部因素内部化。当外部性被内在化时，创新和增长就加快了。[②]

也有学者在研究中发现知识溢出效应还缺乏实证支持。杜兰顿和普加（Duranton，Puga）列出了共享、匹配和学习三种基于不同机制的城市集聚的一般微观基础，用于解释城市收益的增加。他们强调了共享和匹配机制的完善，但认为学习机制的微观基础，特别是知识外溢的微观基础，远远不够令人满意。[③] 埃里森、格雷泽和克尔（Ellison，Glaeser，Kerr）对三种不同类型的马歇尔外部性的强度进行研究，发现投入—产出的联系是为什么有产业集聚最重要的解释，紧随其后的是分享劳动力的机会。发现最少经验支持的是分享专业知识作为产业集聚的一个理由。[④] 也有学者研究了英国剑桥IT集群，发现技术知识外溢可能很少发生，而且不如劳动力市场汇集等其他集群的好处那么重要。[⑤]

由于马歇尔外部性在解释集聚现象方面的强大作用，许多研究人员进行了深入探讨。范纳（Viner）区分货币外部性与技术外部性，用货币外部性来描述投入价格的变化对企业生产成本曲线的影响，而技术外部性是生产方法或组织的改进带来的每单位产出的劳动力、材料或设备需求节省。范纳以是否会对社会总产出这一真实变量产生影响来对这两种外部性进行区分，即外部性是否会影响资源配置的效率。[⑥] 产业集聚形成规模经济和范围经济，

---

① W. Brian Arthur：‘Silicon valley’ locational clusters：when do increasing returns imply monopoly?，Mathematical social sciences，1990，19（3）：235－251.

② Edward L. Glaeser，Hedi D. Kallal，José A. Scheinkman，et. al.：Growth in cities，Journal of political economy，1992，100（6）：1126－1152.

③ Gilles Duranton，Diego Puga：Micro－foundations of urban agglomeration economies，In：J. V. Henderson，J. F. Thisse（ed.）：Handbook of regional and urban economics（Volume 4），Elsevier B. V.，2004：2063－2117.

④ Glenn Ellison，Edward L. Glaeser，William Kerr：What causes industry agglomeration? Evidence from coagglomeration patterns，The American economic review，2010，100（3）：1195－1213.

⑤ Franz Huber：Do clusters really matter for innovation practices in information technology? Questioning the significance of technological knowledge spillovers，Journal of economic geography，2010，12（1）：107－126.

⑥ Jacob Viner：Cost curves and supply curves，Zeitschrift für Nationalökonomie，1932，3（1）：23－46.

产业集聚外部性一般是指正外部性。克鲁格曼认为建立在递增收益和简单的货币外部性基础上的集聚和产业活动的集中，也就是市场规模效应。[①] 当假设递增收益、历史的积累或路径依赖和区位锁定时，产业活动可能的结果是地方化集群。[②] 藤田昌久和蒂斯（Masahisa Fujita，Thisse）建立了产业集聚分析的完整理论框架，把产业集聚的影响因素归结为三种：一是完全竞争条件下的外部经济，二是垄断竞争条件下的报酬递增，三是企业之间的战略竞争。[③]

学者们对于马歇尔外部性三个方面进行了大量研究，一些学者认为对于知识溢出效应还需进一步论证。波特也强调空间接近和中小企业网络的重要性，克鲁格曼强调的也是要素流动而不是知识外溢在集聚中的重要性，原因在于技术外溢的外部性难以测度且不能模型化。[④]

（二）雅各布斯外部性（Jacobs Externalities）

在论述产业集聚基于知识集中与外溢的技术外部性（technological externalities）效应时出现了两种截然相反的观点，即马歇尔外部性与雅各布斯外部性。马歇尔外部性是由同一产业内的企业集聚产生的外部性，也称专业化集聚，半导体产业集聚的硅谷常被作为研究的著名案例；雅各布斯外部性指由来自不同产业的企业集聚产生的外部性，也称多样化集聚。相较于马歇尔外部性，雅各布斯外部性对产业之间的外部性作用进行了更为全面的总结。马歇尔外部性与雅各布斯外部性分别形成了集聚过程中的两类外部经济：本地化经济与城市化经济。前者是指厂商内部或厂商之间单一产业集中带来的成本节约，后者是指产业之间多样化集聚导致的规模经济。一些学者认为，多样化集聚外部性会促进经济的增长，多样化集聚会对高科技产业产生吸引力[⑤]，雅各

---

① Paul Krugman：Increasing returns and economic geography，Journal of political economy，1991，99（3）：483－499.

② W. Brian Arthur：Urban systems and historical path dependence. In：J. H. Ausubel and R. Herman（eds.）：Cities and their vital systems：infrastructure past，present，and future，Chapter 4，Washington，DC：The National Academies Press，1988：85－97.

③ Masahisa Fujita，Jacques－François Thisse：Economics of agglomeration，Journal of the Japanese and international economics，1996，10（4）：339－378.

④ 梁琦、钱学锋：《外部性与集聚：一个文献综述》，《世界经济》，2007年第2期，第84～96页。

⑤ J. Vernon Henderson，Ari Kuncoro，Matt Turner：Industrial development in cities，Journal of political economy，1995，103（5）：1067－1090；Lydia Greunz：The impact of industrial specialisation and diversity on innovation，Brussels economic review，2003，46（3）：11－36.

布斯外部性中的产业互补对创新发挥的作用大约是产业内马歇尔外部性作用的两倍。[①] 不同产业之间企业的差异性促进了新技术、新思想在企业间的传递，促进了产业融合发展。产业多样化集聚产生的雅各布斯溢出效应强调将不同观点和想法结合在一起，以鼓励在产业多样化的环境中进行思想交流和促进创新。例如雅各布斯注意到19世纪30年代以来，底特律造船业是导致19世纪90年代底特律汽车工业发展的关键因素，因为汽油发动机公司很容易从为船舶制造汽油发动机过渡到为汽车制造汽油发动机。[②]

雅各布斯外部性指出不同产业的企业在特定空间集聚，这种差异化和多样化有利于新思想新方法在各类企业之间的溢出，促进企业创新。

（三）波特外部性（Porter Externalities）

波特外部性又称为竞争性外部性，波特坚持区域竞争而不是垄断能够较快地培育或采用新技术。竞争能增加企业的创新，带来更高的利润。波特和马歇尔一样，认为专门的、地理集中的产业中的知识溢出会刺激增长。然而，他坚持认为，与本地垄断相比，地方竞争促进了对创新的追求和创新成果被迅速采用。他举了意大利陶瓷和黄金珠宝行业的例子，在这些行业中，数百家公司齐聚一堂，激烈竞争创新，因为创新的另一种替代是消亡。波特的外部性在具有地理专业化、竞争力强的城市中得到了最大限度的利用。[③] 波特基于区域的角度提出了提升国家或地区竞争优势的“钻石模型”，其中能否有效地形成竞争性环境和创新是一个地域产业竞争力高低的关键。产业集聚有利于减少垄断，促进竞争。集聚发生的地区或行业，除了技术以外，极少存在妨碍有效竞争的不可逾越的障碍。[④]

马歇尔外部性、雅各布斯外部性以及波特外部性从不同角度描述了产业集聚的原因，因此也分别被称为专业性集聚、多样性集聚、竞争性集聚。引起产业集聚的因素很多，包括有形因素和无形因素。在当代有形因素比如运输成本已经不那么重要，无形因素比如知识溢出才更重要。[⑤] 产业集聚也作用于周边

① 彭向、蒋传海：《产业集聚、知识溢出与地区创新——基于中国工业行业的实证检验》，《经济学（季刊）》，2011年第3期，第913～934页。

② 简·雅各布斯：《城市经济》，项婷婷译，中信出版社，2018年，第137～138页。

③ Edward L. Glaeser，Hedi D. Kallal，Jose A. Scheinkman，et al：Growth in cities，Journal of political economy，1992，100（6）：1126－1152.

④ 梁琦、詹亦军：《产业集聚、技术进步和产业升级：来自长三角的证据》，《产业经济评论》（山东大学），2005年第2辑，第50～69页。

⑤ 孙久文：《论新经济地理学的发展与完善》，《区域经济评论》，2016年第3期，第20～23页。

环境，对环境污染产生影响，在下面的论述中会分析产业集聚外部性对环境污染的影响。

第二节　环境外部性理论

一、外部性与市场失灵

外部性的存在具有普遍性和时空性。广义地说，经济学曾经面临的和正在面临的问题都是外部性。前者是或许已经消除的外部性，后者是尚未消除的外部性。[①] 外部性是经济活动主体的经济行为对他所处的经济环境所产生的影响。企业或个人向市场之外的其他人所强加的成本或收益没反映在市场价格中，没有得到相应补偿或付出相应成本，因此容易造成市场失灵。外部性也被称为溢出效应。外部性可分为正外部性和负外部性两种。由于外部经济或外部不经济的存在，使得资源配置偏离了帕累托最优状态，也导致了短期和长期的无效率。由于研究角度不同，对于外部性也有不同的定义。詹姆斯·爱德华·米德（James Edward Meade）认为外部经济（或外部不经济）是这样一种事件：它使得一个或一些人在做出直接（或间接）导致这一事件的决定时，造成根本没有参与的人得到可察觉的利益（或蒙受可察觉的损失）。[②] 约瑟夫·斯蒂格利茨（Joseph Stiglitz）将外部性定义为个人或厂商没有承担其行为的全部成本（消极的外部性）或没有享有其全部收益（积极的外部性）时所出现的一种现象。[③] 保罗·萨缪尔森和威廉·诺德豪斯（Paul Samuelson，William Nordhaus）指出外部性是无效率的一种，也就是溢出效应，指的是企业或个人向市场之外的其他人强加的成本和收益。政府对负外部性更为关注。正外部性的极端情况是公共品。[④]

外部性是市场竞争不完全的一种情况。不完全竞争（如垄断）、外部性

① 盛洪：《外部性问题和制度创新》，《管理世界》，1995年第2期，第195～201页。

② 詹姆斯·E. 米德：《效率、公平与产权》，施仁译，北京经济学院出版社，1992年，第302页。

③ 約瑟夫·斯蒂格利茨：《经济学》，姚开建、刘凤良、吴汉洪等译，中国人民大学出版社，1997年，第146页。

④ 保罗·萨缪尔森、威廉·诺德豪斯：《经济学（第16版）》，萧琛等译，华夏出版社，1999年，第28页。

（如污染）和公共品（如高速公路）都会产生市场失灵，都会导致生产和消费的无效率。外部性造成市场无效率。[①] 曼昆（Mankiw）也认为市场失灵的一个可能原因是外部性。市场失灵属于外部性的一般范畴之内。外部性是一个人的行为对旁观者福利的无补偿的影响，负外部性是对旁观者的不利影响，正外部性是有利影响。由于买卖双方在决定需求或供给多少时并没有考虑其行为的外部效应，所以，在存在外部性时市场均衡并不是有效率的。[②] 外部性反映了一种经济效果传播到市场机制之外，并改变接受效果厂商的产出和由其操纵的投入之间的技术关系。[③] 因此，由于外部性的存在，需要政府干预。

二、环境负外部性的理论分析

环境外部性的存在造成资源浪费以及环境退化。资源与环境问题由于具有公共产品的特性，大部分表现的是负外部性。例如，企业将未经处理的工业废水排入河流而使流域受到污染，将未经净化的工业废气排放到空气中造成大气污染，对周围环境造成损害，而对外界的污染损害行为没有体现在生产者的成本中。随着工业化和城市化的发展，环境污染等社会问题越来越严重，外部性问题成为经济学家们关注的一个重点问题。在经济发展过程中，工业生产活动产生的副产品以及对资源利用而产生的损耗难以避免，可以说工业环境污染问题都属于外部性问题。环境污染问题之所以难以解决，主要在于环境污染所具有的负外部性。环境污染就是一种典型的负外部性活动：给社会带来成本，同时也使市场机制的调节作用失灵。

环境外部性是指在市场机制之外影响消费者效用和企业成本的生产和消费的无补偿环境效应的经济概念。生产者将污染物直接排入周围环境中，危害环境和人的健康，这种负外部性的存在，使得生产者生产某产品的社会成本大于生产成本。生产每一单位产品的社会成本为该产品生产者的私人成本加上受到污染不利影响的旁观者的成本。[④] “污染者/用户付费”原则的目的是促使家庭

---

① 保罗·萨缪尔森、威廉·诺德豪斯：《经济学（第16版）》，萧琛等译，华夏出版社，1999年，第28～29页。

② 曼昆：《经济学原理（第7版）：微观经济学分册》，梁小民、梁砾译，北京大学出版社，2015年，第211页。

③ 孙鳌：《外部性的类型、庇古解、科斯解和非内部化》，《华东经济管理》，2006年第9期，第154～158页。

④ 曼昆：《经济学原理（第7版）：微观经济学分册》，梁小民、梁砾译，北京：北京大学出版社，2015年，第213页。

和企业将外部性纳入其计划和预算，也就是将外部性内在化。[①]

环境外部性理论是环境经济政策设计的理论依据。自马歇尔提出“外部经济”概念后，外部性理论不断发展形成两个重要成果：新古典经济学派的“庇古税”和新制度经济学派的“科斯定理”。侧重于政府干预的庇古手段和侧重于市场机制的科斯手段是环境政策设计的两种主要方式。

（一）庇古外部性理论及庇古税

阿瑟·塞西尔·庇古（Arthur Cecil Pigou）于1920年在《福利经济学》一书中提出“外部不经济”的概念，庇古的“外部不经济”概念是对马歇尔观点的延伸，但与马歇尔的“外部经济”概念并不是相对应的。与马歇尔观点不同，庇古所指的外部性问题是企业行为对外部产生的影响。庇古用灯塔、交通、污染等例子来说明经济活动中经常存在对第三者福利的意外影响，即外部性。庇古运用边际分析方法，通过分析私人和社会边际成本差异、私人和社会边际收益的不一致，从而导致资源配置难以实现帕累托最优，证明了外部性的存在。[②] 庇古指出外部不经济是由于企业生产经营活动给企业外部带来的不利影响，并通过工厂排污对居民影响的例子进行说明。工厂在生产的同时也在排污，而后者会影响附近的居民。但工厂生产决策只考虑自身的成本，不考虑污染给居民生活带来的影响。在这种情况下，企业私人成本小于生产的社会成本，产出则会超出社会合意的水平，产生无效率的结果。[③]

对于解决溢出成本的方法，庇古提出让政府介入，以课税的方式，让税负刚好等于溢出成本。因此，工厂从事经济活动的成本，能全部由工厂自己承担。这就是“庇古税”。由此，静态技术外部性理论框架基本形成。[④]

庇古的外部性理论是从边际成本角度定义外部性的，但也把“外部不经济”束缚在一个相对狭小的范围内，形成了与马歇尔的“外部经济”概念间的巨大差异。庇古的外部性概念和理论由于缺乏充分的说服力，很快受到批判和攻击，后来探讨外部性问题的学者也总是试图走出庇古外部性概念的范围。[⑤]

---

① UNSD: Glossary of environment statistics, Studies in methods, Series F, No. 67, United Nations, New York, 1997, https://unstats.un.org/unsd/publication/SeriesF/SeriesF_67E.pdf.

② 杨稣、刘德智：《生态补偿框架下碳平衡交易问题研究综述与分析》，《经济学动态》，2011年第2期，第92～95页。

③ 阿瑟·赛西尔·庇古：《福利经济学》，金镝译，商务印书馆，2003年，第146、185～217页。

④ 何立胜、杨志强：《内部性·外部性·政府规制》，《经济评论》，2006年第1期，第141～147页。

⑤ 罗士俐：《外部性理论的困境及其出路》，《当代经济研究》，2009年第10期，第26～31页。

(二) 科斯外部性理论及科斯定理

科斯外部性理论，是通过批评“庇古税”提出来的。罗纳德·科斯(Ronald Coase)的外部性理论，反映在其《社会成本问题》《企业的性质》《联邦通讯委员会》等文章中。

由于新古典经济学在交易成本问题上存在缺陷，科斯定理通过引入交易费用的概念对企业的起源及决定其规模的因素和负外部性问题进行分析。科斯1959年在《联邦通讯委员会》一文中指出，资源产权没有建立，私营企业制度就不能正常运行。产权建立以后，任何希望使用这一资源的人就必须向资源所有者付钱。[①] 建立产权是交易的必要条件之一。1960年，科斯在《社会成本问题》一文中指出外部性的本质在于产权的界定，他在庇古的基础上提出试图通过市场方式解决外部性问题的方法。科斯批评庇古的方法，因为它只考虑外部性影响的一个方向，而没有考虑到其互惠性质。科斯在对庇古的理论进行批判的同时也肯定了其部分观点，即市场中的谈判协商可以替代庇古税。科斯提出了替代方案的前提条件：交易费用为零且产权明确界定，通过自愿协商可以解决外部性问题；存在交易费用时，则需比较各种政策手段的成本收益才能确定。[②] 科斯的解决方案基于对外部性问题“互惠性质”的理解。其后经济学家将其命名为科斯定理(Coase theorem)。科斯定理包括科斯产权定理和科斯交易费用定理。科斯定理是一个经济理论，也是一个法律理论。它确认在没有交易成本的完全竞争市场中，只要财产权是明确的，那么，无论产权的初始分配如何，市场均衡的最终结果都是有效率的，产权纠纷的当事人都能够协商出一个经济上最优的解决方案，实现资源配置的帕累托最优。因此，科斯定理的应用必须满足有效的、竞争性的市场条件，最重要的是没有交易成本，信息必须是自由、完全和对称的，协商必须是无成本的。如果存在与协商有关的成本，例如与谈判或执行有关的成本，则会影响结果。而且谈判双方的议价能力必须足够平等，才不会影响和解的结果。

科斯定理适用于一方的经济活动对另一方的财产造成损失或损害的情况。但科斯定理的应用有假设条件，依赖于产权划分、零交易(协商)成本、完全的信息、没有市场力量差异、所有相关商品和生产要素的有效市场，在现实中

---

① R. H. Coase: The Federal Communications Commission, Journal of law and economics, 1959, 2: 1—40.

② R. H. Coase: The problem of social cost, Journal of law and economics, 1960, 3: 1—44.

都不能满足，因而在实践中有着局限性。认识到应用科斯定理在现实世界中的困难，一些经济学家认为，这一定理并不是解决争端的处方，而是解释了为什么在现实世界中会发现如此多明显无效的经济争端结果。新制度经济学不是对问题的解决，而是对问题仍然存在这个事实一个确实的证明。[①] 对科斯定理的争论带动了产权理论及组织理论的发展。

新制度经济学理论注重制度因素在经济发展进程中发挥的作用，作为新制度主义的代表人物，科斯定理为环境外部性问题提出了制度经济学的分析框架。环境污染问题难以解决，主要原因之一就是环境污染产权的界定，从而使得政府需要通过环境规制来缓解环境污染问题。如果环境污染产权是明确的，市场就会通过自愿交易自动实现对资源的有效配置。如果没有明确企业的污染排放责任，考虑到治理成本，企业一般不会主动进行污染治理投资。而要想消除环境的外部性就需要界定环境产权。实践中只要明确环境产权，市场就会通过自愿交易自动实现对资源的有效配置，排污许可证制度就是这一理论的运用。

上述理论确定了“污染者付费”原则，虽然对于遏制环境污染的迅速扩展发挥了积极的作用，可是这些理论没有从根本上改变环境恶化的趋势。

三、环境负外部性的内在化

由于外部性的存在，个体最优条件与社会最优条件便会出现不一致，导致市场失灵。为纠正市场失灵所带来的资源配置扭曲，外部性需要内在化才能提高经济效率。外部性内在化的路径选择存在两大路径：庇古路径和科斯路径。庇古路径为国家干预路径，而科斯路径为市场路径。赞成庇古路径的人认为侵害者和被侵害者已经确定，通过市场无法对这种侵害予以有效的解决，需由政府出面干预；赞成科斯路径的人则认为，不清楚谁是侵害者和被侵害者，首要的问题就是要赋予侵害的权利，允许谁侵害谁，然后就可以通过市场调节机制来解决侵害效应问题，就不需要国家干预。[②] 阿罗（Arrow，1969）在《经济

① 张红凤、高歌：《新制度经济学的理论缺陷》，《国外理论动态》，2004 年第 4 期，第 33～37 页。

② 罗士俐：《外部性理论价值功能的重塑——从外部性理论遭受质疑和批判谈起》，《当代经济科学》，2011 年第 33 卷第 2 期，第 27～33 页。

活动的组织》一文中解释了通过创造附加市场使外部性内在化。①

如何解决环境污染，过去大多由政府这只看得见的手来发挥作用，但是依靠行政执法无法完全解决问题。环境外部性内在化的理论，为消除因外部性而引起的市场失灵提供了路径思考，即将外部费用内在化到价格中，激励市场中的交易双方改变非理性选择，生产或购买更接近社会最优的量，从而弥补外部成本与社会成本的差额，纠正外部性的效率偏差，解决环境污染外部性问题。外部效应内在化是指外部效应得以矫正，资源配置由不具有效率到具有效率的过程。而如何将外部性内在化，则需要市场、政府和社会三方共同发挥作用。环境外部性内在化的治理方法，从发挥主导作用的主体来看，可分成强调政府行为的命令控制型、影响企业行为经济刺激型、针对社会公众的劝说教育型三类。② 实践中三种方式需要搭配组合运用。将环境外部性内在化的制度途径主要有以下三个方面。

（一）基于政府直接干预的途径

政府需要在环境治理方面发挥主导作用。萨缪尔森认为，外部性造成市场无效率。负外部性或负的溢出效应已逐渐由微小麻烦发展成巨大威胁，需要政府干预。目的是控制住负外部性，如空气和水的污染。③ 生产者出于私利将污染物排入环境中造成负外部性影响时，并未考虑引起污染的全部成本，如果没有政府干预的话，企业排放会不加节制。当市场失灵时，公共政策就有潜力解决这些问题并增加经济福利④，从而有效地配置资源。由于市场失灵，生产决策者没有考虑到自己行为的外部效应，只有通过政府的作用去限制排污行为，使得其他方的利益得到保护。

政府框架下的治理，是指政府运用强制力直接干预，使用行政规制、法律手段、实行税收或补贴等对负外部性进行矫正。⑤ 庇古税是通过政府干预矫正

① Kenneth J. Arrow：The organization of economic activity：issues pertinent to the choice of market versus nonmarket allocation，In：Joint Economic Committee：The analysis and evaluation of public expenditure：the PPB system，Washington，DC：Government Printing Office，1969：47－64.

② 宋国君、金书秦、傅毅明：《基于外部性理论的中国环境管理体制设计》，《中国人口·资源与环境》，2008 年第 2 期，第 154～159 页。

③ 保罗·萨缪尔森、威廉·诺德豪斯：《经济学（第 16 版）》，萧琛等译，华夏出版社，1999 年，第 29 页。

④ 曼昆：《经济学原理（第 7 版）：微观经济学分册》，梁小民、梁砾译，北京大学出版社，2015 年，第 211 页。

⑤ 李齐云：《政府经济学》，经济科学出版社，2003 年，第 71～74 页。

环境负外部性问题的典型手段。根据庇古的理论，当个体边际成本低于社会边际成本时，政府就应该对该经济个体进行征税，通过对排污者征税以使资源配置达到帕累托最优状态。理想的庇古税应该等于负外部性所产生的外部成本或等于正外部性所产生的外部利益。仅靠市场机制无法限制污染者的排污行为，企业不会自愿地减少有毒化学物质的排放，控制污染一向被认为是政府的合法职能。目前各国采取的环境治理措施——排污收费制度即以庇古税作为理论基础。政府可采用外部性的内在化方法，对于造成负外部性的商品征税，而对具有正外部性的商品给予补贴。以庇古税设计的环境外部性内在化手段，需要政府完善相应的法律制度。

政府对环境污染进行管制矫正的外部效应主要体现为相关法律法规的制定和维护。环境污染相关法律法规包括：对相关产业的规制，要求企业采用节能减排技术；对相关环境标准的制定，规定企业可以排放的最高污染水平；对环境成本内在化的相关税种及征收金额的规定。政府还需要维护法律法规的措施：对污染物进行监测和警示，对市场交易进行监管，对违法排放污染主体进行行政处罚，构成犯罪的移送司法机关。

（二）基于市场的经济激励途径

在庇古税提出以后，科斯通过交易费用和产权的界定对庇古税进行了扬弃，并提出解决外部性问题的科斯定理。虽然环境负外部性使市场无效率，但解决这一问题很多时候并不需要政府行为。通过私人协商方法解决在某些情况下也是可行的。科斯质疑，政府课税当然简单，但税收征收后，环境污染问题仍然存在，政府无法精确计算各企业的溢出成本。科斯认为在交易费用为零或者很小的情况下，只要产权能够被明确界定，那么不管初始权如何被分配，当事人通过谈判，都会使双方的利益达到最大化。而环境污染具有明显的负外部性，通过对排污权的界定以及制定排污权交易制度就可以有效解决环境污染导致的负外部性问题。

基于市场的经济激励途径主要是价格激励政策。排污权交易是在科斯定理基础上提出的。排污权交易亦称可转让排污许可，是指政府制定总排污量上限，然后按此上限发放排污许可证，并允许排污许可证在市场上交易。排污权交易制度需要建立在市场化程度高的经济体中，由市场供求确定排污权的价格，这样就由市场机制来控制污染物的排放，企业通过排污权交易将生产过程中的外部固体内在化。而政府环境部门的主要职责是依法制定和维护交易规则。排污权交易制度的优点是把排放标准和庇古税的成本优点结合。但现阶段环境污染问题依然严峻，现实中由于清晰产权界定比较困难以及存在交易成本，因此通过界定产权并不能有效解决所有外部效应问题。

（三）基于社会力量监督的途径

政府干预和市场激励是纠正环境外部性的主要途径，但是由于各方利益涉及其中使得环境污染问题解决具有复杂性。对污染者征税以实现治理环境外部性内在化的手段在实际应用中会使污染者产生交纳了排污税就可以无顾虑排污的心态。虽然科斯正确地强调了外部性的互惠性质，但他忽略了重要的不对称性。在初始均衡状态下，外部成本对受害方的增量损害是显著的，而略微减少造成损害的活动对加害方的损害是无穷小的（微乎其微）。这样看来庇古税效率更高。双边税收可能更为优越，因为它不仅使受害者把造成损害一方在减少相关活动方面的成本计算在内，而且确保受害者没有夸大或低估真实损害的动机。但在良心效应（conscience effects）存在的情况下，科斯定理是无效的。任何一件外部性事件的产生，“良心”发挥着一定的作用，即存在一定程度的良心效应。[①] 影响一方如果给别人的福利带来不利的影响，而且不给予补偿，那良心效应就会降低影响集团的福利。[②] 因此，通过社会力量约束也可解决环境外部性问题。

社会力量在环境保护方面的作用越来越大。通过舆论监督和社会监督、社会道德教育，以提高全社会的环境意识，进而促使企业减少污染排放以保护环境。在某些情况下，社会约束（social sanction）和名誉损失的威胁远比国家法律制度的惩罚更有力，社会约束即运用社会道德力量进行监督。横向监督（peer monitoring，或相互监督）就是在社会约束的基础上进行的。[③] 随着社会发展，培育环境保护意识越来越成为社会和企业的核心问题之一。环境恶化会影响和制约企业的成功，甚至威胁到企业的长期生存。随着社会发展，社会约束在环境保护方面的作用越来越大，各国环境法规日趋严格的情况下，制造业企业的社会责任感和环境意识逐渐增强，这样才能提升企业竞争力。社会约束对于纠正环境外部的不经济性也会产生一定作用。

---

① Yew－Kwang Ng：Eternal Coase and external costs：a case for bilateral taxation and amenity rights，European journal of political economy，2007，23（3）：641－659.

② 黄有光：《福祉经济学：一个趋于更全面分析的尝试》，张清津译，东北财经大学出版社，2005年，第229页。

③ Joseph E. Stiglitz：Peer monitoring and credit markets，World Bank economic review，1990，4（3）：351－366.

社会公众参与环境监督是一种趋势。针对政府直接管制或市场激励等机制中的缺陷，社会公众的参与可以监督环境治理中的行政机制，可以弥补环境治理中市场机制的“失灵”。发达国家环境立法中都在实体和程序法上对社会公众参与作出了规定。如1997年加拿大《环境保护法》设立“公众参与”一章，规定公众的环境登记权、自愿报告权、犯罪调查申请权和环境保护诉讼、防止或赔偿损失诉讼等内容。法国、美国环保法律也有类似规定。[①]

市场、政府以及社会力量解决环境外部性的手段各有其优缺点。三种途径往往需要共同发挥作用。在管理成本较低而交易成本较高的情况下适合运用庇古手段，反之适合运用科斯手段。[②] 实际上，科斯手段解决外部性问题也需要通过市场、企业和政府进行，达成两步解决方案：第一步，政府定义和分配权利；第二步，根据相关成本，权利可能会重新分配，外部性要么会因科斯定理讨价还价而得到补偿，要么会被公司内在化。[③] 尤其是需要政府和市场对外部效应的联合矫正，比如污染费、可交易许可证等制度。生态补偿激励政策也需要政府、市场、企业共同作用，消除生态环境产权界定、生态环境价值评价等技术性障碍，消除绩效评价不够科学、实施机制缺乏落地等制度性障碍。[④] 因良心效应的存在，责任法则的重要性就十分突出。良心效应使得外部性效应问题比传统分析方法所认为的要重要得多。[⑤] 但社会力量不具有强制性，只能作为辅助手段使用。

---

① 谢慧明、沈满洪：《排污权制度失灵原因探析》，《浙江理工大学学报（社会科学版）》，2014年第4期，第257～263页。

② 沈满洪、何灵巧：《环境经济手段的比较分析》，《浙江学刊》，2001年第6期，第162～166页。

③ Aleksandar D. Slaev：Coasean versus Pigovian solutions to the problem of social cost：the role of common entitlements，International journal of the commons，2017，11（2）：950－968.

④ 沈满洪：《生态补偿机制建设的八大趋势》，《中国环境管理》，2017年第3期，第24～26、65页。

⑤ 黄有光：《福祉经济学：一个趋于更全面分析的尝试》，张清津译，东北财经大学出版社，2005年，第229页。

第三节　产业集聚的环境外部性相关假说

一、环境库兹涅茨曲线假说

库兹涅茨曲线假说是西蒙·库兹涅茨于 1955 年提出的关于经济增长与收入差异的假说。该假说认为，收入差异随着经济发展的进程先上升后下降，收入差异与人均收入之间的关系曲线呈倒“U”形。这一关系被大量的现实统计数据证实。经验性观察到的库兹涅茨曲线不是平滑的或对称的。库兹涅茨曲线用于分析人均收入水平与分配公平程度之间关系。后来，经济学家在分析环境污染与经济发展的关系时，得出了类似的库兹涅茨曲线，称为环境库兹涅茨曲线（Environmental Kuznets Curve，EKC）。根据 EKC 假说，当一国经济发展水平较低时，环境污染程度较轻，但是随着人均收入增加，环境污染由低趋高，环境恶化程度随经济的增长而加剧；当经济发展达到一定水平后，即达到一个转折点或“拐点”以后，随着人均收入的进一步增加，环境污染又由高趋低，其环境污染的程度逐渐降低，环境质量逐渐得到改善，这种现象被称为环境库兹涅茨曲线。[①] 这意味着环境污染程度是人均收入的倒“U”形函数。这条曲线被认为是发达国家和新兴工业化国家在工业化时期所普遍适用的，但在不同国家也有不同的发展特征。

自 1991 年以来，环境库兹涅茨曲线已成为环境与经济增长相关文献中的一个标准特征，尽管其应用也受到了强烈的质疑。格罗斯曼和克鲁格在研究北美自由贸易区（NAFTA）国际贸易对环境的影响时，发现在空气质量和经济增长的关系中，环境污染程度随着人均国内生产总值增长而达到较高的国民收入时减少。他们对环境库兹涅茨曲线假说进行了开创性的研究。世界银行在 1992 年的一篇研究报告中推广了环境库兹涅茨曲线概念。[②] 国际劳工组织 1993 年的一篇研究报告也是对 EKC 进行量化研究的较早文献，其对在不同的经济发展阶段环境恶化情况进行实证验证。该报告指出，虽然伴随经济增长的

---

① 曲格平：《从“环境库兹涅茨曲线”说起》，《中国环境管理干部学院学报》，2006 年第 4 期，第 1~3 页。

② IBRD：World development report 1992：development and the environment，New York：Oxford University Press，1992.

不可改变的结构变化不可避免地会出现一些环境恶化，但 EKC 不一定像许多发展中国家的情况那样陡峭。环境退化和人均收入增长之间呈倒“U”形关系的部分原因是政策扭曲，如能源和农用化学品补贴、工业保护和自然资源定价过低，这些都对经济和环境造成了破坏。该报告最后对发展中国家政府拉平其 EKC 提出了对策建议。① 关于 EKC 假说验证的质疑主要针对其计量统计分析。EKC 本质上是一种经验现象，但大多数 EKC 文献在计量经济学上都很薄弱。EKC 的想法之所以引人注目，是因为很少有人对计量经济诊断统计给予足够的关注。对于所使用数据的统计特性，如时间序列中的连续依赖或随机趋势等，很少或根本没有关注，也很少提出或进行模型充分性的检验。因而无法检验哪些明显的关系或“程式化的事实”是有效的，哪些是虚假的相关性。②

中国学者也运用中国数据对 EKC 假说进行了验证。彭水军等运用 1996—2002 年中国省际数据验证，发现中国环境库兹涅茨倒“U”形曲线关系很大程度上取决于污染指标以及估计方法的选取，在中国存在以相对低的人均收入水平越过环境倒“U”形曲线转折点的可能。③ 沈满洪等运用浙江省 1981—1998 年数据发现了一条先是倒“U”形然后是“U”形的波浪式的 EKC。④ 宋马林等利用中国各省级行政区 1993—2009 年数据发现，对于北京、上海等市 EKC 的拐点已达到，而对于辽宁、安徽等省 EKC 不存在。同时，大多数省份在 1～6 年内均可达到。有必要利用政策措施来改变和提前这些省份 EKC 拐点的到来时间。⑤ 张红凤等利用 1986—2005 年山东和全国的数据发现，就大多数污染物而言，山东 EKC 比全国 EKC 更扁平，位置也更低，可以通过环境规制政策来改变 EKC 拐点，从而使以一个相对较低的环境污染水平越过倒“U”形曲线的拐点成为可能。⑥ 中国 EKC 假说的验证结果一部分得出与国外

---

① Theodore Panayotou：Empirical tests and policy analysis of environmental degradation at different stages of economic development，World employment program working paper，WEP 2－22/WP. 238，International Labour Office，Geneva，January 1993.

② David I. Stern：Environmental Kuznets curve，Encyclopedia of energy，2004，22 (3)：517－525.

③ 彭水军、包群：《经济增长与环境污染——环境库兹涅茨曲线假说的中国检验》，《财经问题研究》，2006 年第 8 期，第 3～17 页。

④ 沈满洪、许云华：《一种新型的环境库兹涅茨曲线——浙江省工业化进程中经济增长与环境变迁的关系研究》，《浙江社会科学》，2000 年第 4 期，第 53～57 页。

⑤ 宋马林、王舒鸿：《环境库兹涅茨曲线的中国“拐点”：基于分省数据的实证分析》，《管理世界》，2011 年第 10 期，第 168～169 页。

⑥ 张红凤、周峰、杨慧等：《环境保护与经济发展双赢的规制绩效实证分析》，《经济研究》，2009 年第 3 期，第 14～26、67 页。

发展中国家以及发达国家曾经历的情况相似的研究结果；另外，由于中国国情不同，研究结果也反映出中国经济发展实际以及区域经济发展水平差异。

二、“污染天堂”假说

“污染天堂”假说（pollution haven hypothesis，PHH），又称为“污染避难所”假说，或者“污染避风港”假说。“污染天堂”假说认为，环境法规薄弱的地区将吸引污染产业从环境法规更严格的地方迁移而来，环境法规薄弱的地区通常是经济落后的地区，从而使落后地区成为“污染天堂”。由于20世纪70年代初欧美工业化国家的环境管制加强，因此，发达国家和发展中国家之间的环境管制差距是否会影响外商直接投资的流动，引发了“污染天堂”的争论，即跨国公司是否会为避免实施昂贵的污染控制措施和相关流程的成本而迁往环境监管较弱的国家。支持这一假说的观念是，环境法规提高了污染密集型产品的投入成本，会削弱企业和产品的国际竞争力，这也显示了环境因素在区域产业布局和产业转移中的影响。而以较低的环境标准吸引外资，则会导致“竞次”（race to the bottom）。[①] 唐（Tang）通过美国进出口贸易数据研究了《有毒物质排放清单》（TRI）登记政策对于美国化学品行业进出口的影响。他通过建立双差分模型，发现TRI登记出台后，化学品来自贫穷国家的进口显著增长，即证据证明管制化学品进口和出口存在“污染天堂”现象，美国更严格的环保规制导致了“污染天堂”的产生。[②] 拉斯利（Rasli）等应用36个发达和发展中国家1995—2013年的数据，发现对于一氧化二氮（N_2O）和一氧化碳（CO）两种新污染物来说，数据支持各国的“污染天堂”假说。[③]

但是“污染天堂”假说也受到了质疑，因为难以找到污染产业迁移到环境规制薄弱的地区的例证。有些国家放松环境规制是因为可以吸引FDI，从而增加出口；有些国家成为“污染天堂”是因为其国内没有条件也无法实施严格的

---

① race to the bottom：译为“竞次”或“恶性竞争”。这一观点认为，面对地区和国际经济竞争，政府官员有放松环境标准的动机，以吸引投资，因为害怕这些投资流入低标准国家。各地区或国家政府可能采取相同战略行动，可能会导致各国降低环境标准。其也广泛用于降低劳工、道德、税收、资本等方面的标准以吸引投资。

② John P. Tang：Pollution havens and the trade in toxic chemicals：evidence from U. S. trade flows，ANU working papers in economics and econometrics No. 623，February 2015.

③ Amran Md. Rasli，Muhammad Imran Qureshi，Aliyu Isah－Chikaji，et al：New toxics，race to the bottom and revised environmental Kuznets curve：the case of local and global pollutants，Renewable and sustainable energy reviews，2018，81 (2)：3120－3130.

环境法规。[①] 相关实证研究从进出口贸易以及 FDI 的区位选择进行。格罗斯曼和克鲁格、杰夫（Jaffe）等和托比（Tobey）的实证研究对简单的"污染天堂"假说的依据提出严重怀疑，因为他们发现贸易流动模式主要是受要素禀赋因素影响的，而显然不是受污染治理支出的差异的影响。跨国公司在进行对外直接投资的区位选择时，需要考虑投资所在地的资源状况。[②③④] 邓宁（Dunning）研究了跨国公司活动的地理位置，考虑了企业的具体特征，认为最终影响企业区位选择的投资动机包括：寻求自然资源的跨国公司将被自然资源丰富、可利用和价格低廉的国家吸引，研发设施投资需要熟练的劳动力和科学基础设施，售后服务投资对劳动力成本更为敏感。[⑤] 因此，跨国公司对外投资的区位选择因素中，较低的环境标准并不在其中。

实际上，"污染天堂"假说与要素禀赋理论关于资本和劳动要素的假说不符，这也是"污染天堂"假说引起争议的部分原因。污染严重的产业多为资本密集型产业，考虑到较贫穷国家的要素禀赋方面，即在生产化学品等资本密集型商品方面比较优势并不明显，尽管人们普遍认为宽松的环境标准更有可能使这些国家拥有污染严重的产业。此外，环境规制可促使国内制造商改进技术，使他们能够更有效地生产，从而减轻成本增加和审查增加造成的不利影响。布伦纳迈尔和莱文森（Brunnermeier，Levinson）检验了环境规制对产业区位选择的影响，认为数据的选取和分析工具的运用对研究结果影响很大。早期基于横截面数据分析的文献通常倾向于发现环境法规对企业选址决策的影响不大。然而，使用面板数据来控制未观测到的异质性，或者使用工具控制内生性，确实发现具有合理程度的统计上显著的"污染天堂"效应。企业在选址决策中对环境的监管差异作出反应的研究结果并不能表明各国政府有意制定次优的环境

---

① Eric Neumayer：Pollution havens：an analysis of policy options for dealing with an elusive phenomenon，Journal of environment & development，2001，10（2）：147－177.

② Gene M. Grossman，Alan B. Krueger：Environmental impact of a North American free trade agreement，NBER working paper No. 3914，November 1991.

③ Adam B. Jaffe，Steven R Peterson，et al：Environmental regulation and the competitiveness of U. S. manufacturing：what does the evidence tell us?，Journal of economic literature，1995，33（1）：132－163.

④ James A. Tobey：The effects of domestic environmental policies on patterns of world trade：an empirical test，Kyklos，1990，43（2）：191－209.

⑤ John H. Dunning：Location and the multinational enterprise：a neglected factor?，Journal of international business studies，1998，29（1）：45－66.

法规来吸引企业。[①]

针对“污染天堂”效应在中国是否成立，学者们也进行了验证，不同研究方法、研究区域和研究行业所起的效应也不同。林季红等针对2001—2008年我国36个工业行业的研究显示，将环境规制变量作为严格外生变量和内生变量时的结果不同。作为严格外生变量时，“污染天堂”假说对我国不成立；而作为内生变量时，“污染天堂”假说在我国成立。[②] 王家庭的研究表明外商投资的流入对我国环境影响的“污染天堂”假说在一定程度上成立。[③] 杨子晖等的研究也认为，“污染天堂”假说只在中国部分省份成立。[④] 金春雨等的研究认为，就全国整体而言，环境规制与FDI呈显著负相关关系，“污染天堂”假说是成立的，并且相邻地区间环境规制行为存在明显的“竞次”效应；环境规制效果在我国不同区域具有较强差异，在西部地区“污染天堂”假说显著成立，在东部地区却支持“污染光环”假说。[⑤] 孙淑琴等对制造业按要素密集程度不同进行研究后得出，总体上制造业中的FDI呈现出“污染天堂”效应；劳动密集型和重污染资本密集型行业中的FDI对环境具有“污染天堂”效应，轻污染资本密集型行业中的FDI具有“污染光环”效应。[⑥] 总的来说，“污染天堂”假说在我国的验证说明了要区分不同地区、不同产业，而且模型设定和变量选择的差异也会产生不同的结论。

三、波特假说

与“污染天堂”假说相反，波特假说（Porter Hypothesis）认为严格的环境标准将会促进企业技术升级并刺激创新，抵销环境合规成本。波特和范德林德（Porter，van der Linde）采取案例研究，认为通过刺激创新，严格的环境

---

① Smita B. Brunnermeier，Arik Levinson：Examining the evidence on environmental regulations and industry location，The journal of environment & development，2004，13（1）：6−41.

② 林季红、刘莹：《内生的环境规制：“污染天堂假说”在中国的再检验》，《中国人口·资源与环境》，2013年第1期，第13～18页。

③ 王家庭：《外商直接投资、环境规制与“污染避难所”假说的实证研究》，《中共南京市委党校学报》，2013年第2期，第22～25页。

④ 杨子晖、田磊：《“污染天堂”假说与影响因素的中国省际研究》，《世界经济》，2017年第5期，第148～172页。

⑤ 金春雨、王伟强：《“污染避难所假说”在中国真的成立吗——基于空间VAR模型的实证检验》，《国际贸易问题》，2016年第8期，第108～118页。

⑥ 孙淑琴、何青青：《不同制造业的外资进入与环境质量：“天堂”还是“光环”?》，《山东大学学报（哲学社会科学版）》，2018年第2期，第90～100页。

法规实际上可以增强竞争力。设计恰当的环境标准可以触发创新，这可能部分或完全抵消遵守这些标准的成本，这被称为“创新补偿”。创新补偿是常见的，因为减少污染通常与提高资源使用的生产率同时进行。环境法规应使用市场激励措施，包括污染税、补偿保证金制度和可交易许可证。此类方法比设定排放水平和选择特定技术更有效，市场激励可以鼓励引进超过现行标准的技术。[①]因此通过设计恰当的环境标准提升企业竞争力并减少污染的观点被称为“波特假说”，或者“环境波特假说”。为了从理论和经验上检验波特假说，杰夫和帕尔默（Jaffe，Palmer）将波特假说区分为三个层次：狭义波特假说、弱波特假说和强波特假说。[②] 狭义波特假说指的是环境监管应该注重结果而不是过程，只有某些类型的环境监管政策能够激励创新，但美国的监管政策都不是这种类型；弱波特假说指设计良好的环境规制只能激励某些类型的创新；强波特假说认为新的环境规制刺激企业并引导企业拓宽思路发现新产品和新工艺以合乎监管并增加利润。[③] 新技术和解决方案抵销了严格的环境规制带来的成本，从长远来看严格的环境标准可以提高生产率。波特对此只举出了一些例证，但没有系统的理论分析。

传统上，经济学家认为环境规制对污染企业产生负面效应，因为增大了企业的生产成本。但是波特假说认为传统观点是企业对环境规制反应的静态观点。从动态上看，由于面对着较高的减排成本，企业在创新方面投资以达到环保要求，这样会产生新的生产过程和新的产品规格，减少污染的同时降低生产成本或者提高产品的市场价值。对波特假说的批评指出，波特假说未能说明在严格的环境标准之前，企业为什么不能提出削减成本的创新。安贝克和巴拉（Ambec，Barla）归纳了文献争论中的论点，并回顾了到当时为止经济学文献中的实证证据。总体看来，更多证据反对波特假说而不是支持波特假说。但在目前，简单地拒绝这一假设也不合理。[④] 不论结果如何，波特假说为环境与产业竞争力的关系提供了新的思维方式。

有学者把“污染天堂”假说和波特假说结合起来考察。波特假说强调精心

---

① Michael E. Porter，Claas van der Linde：Toward a new conception of the environment——competitiveness relationship，Journal of economic perspectives，1995，9（4）：97－118.

② Adam B. Jaffe，Karen Palmer：Environmental regulation and innovation：a panel data study，Review of economics and statistics，1997，79（4）：610－619.

③ 余伟、陈强：《“波特假说”20年——环境规制与创新、竞争力研究述评》，《科研管理》，2015年第5期，第65～71页。

④ Stefan Ambec，Philippe Barla：Can environmental regulations be good forbusiness? An assessment of the Porter Hypothesis，Energy Studies Review，2006，14（2）：42－62.

设计的环境监管措施能激励企业创新从而获得国际竞争力，但当跨国公司缺乏对发达国家环境监管做出创造性反应能力时，它们会逃到环境监管宽松的国家（“污染天堂”）。[①] 严格或宽松监管的国家之间的生产技术差异可能会随着时间的推移而增加，因此化学品来源的转移是对“污染天堂”现象的支持。唐(Tang)的研究表明，美国《有毒物质排放清单》所列化学品的出口减少而进口没有减少，作为对美国国内管制的反应的技术升级似乎不是解释美国化学品贸易模式的一个主要因素，可能是由于“污染天堂”的效应抵消了波特假说的效应，而且无法区分出技术进步到底是由时间引起还是由环境规制引起的。[②]

中国的一些研究倾向于支持波特假说。中国的证据表明，波特假说只有在适宜的环境规制强度、规制得到有效实施和企业实施主动性环保战略的条件下才能促进企业的技术创新。[③]

关于产业发展对生态环境影响的环境库兹涅茨假说、“污染天堂”假说、波特假说都强调经济发展程度和阶段不同对环境污染影响呈现出不同效应。这些假说也应用于产业集聚与环境污染的研究。本章对产业集聚及其影响环境污染的理论基础分析将会在实证分析中得到应用。

---

① Lorena M. D'Agostino：How MNEs respond to environmental regulation：integrating the porter hypothesis and the pollution haven hypothesis，Economia politica，2015，32 (2)：245－269.

② John P. Tang：Pollution havens and the trade in toxic chemicals：evidence from U. S. trade flows，ANU working papers in economics and econometrics，No. 623，February 2015.

③ 刘和旺、向昌勇、郑世林：《“波特假说”何以成立：来自中国的证据》，《经济社会体制比较》，2018 年第 1 期，第 54～62 页。

第三章　产业集聚影响环境污染的机制分析

产业集聚通过何种途径影响环境污染？近年来相关文献对产业集聚与环境污染的作用机制进行了探讨，本章在已有文献研究成果的基础上，结合中国产业发展的实际，对产业集聚与环境污染关系的作用机制进行分析。

第一节　产业集聚影响环境污染的三种效应

产业集聚的外部性阐述了产业集聚发生的原因。产业集聚不仅有正外部性，还有负外部性。正外部性概念来源于马歇尔提出的“外部经济”，而负外部性概念来源于庇古的“外部不经济”概念。产业集聚对环境的影响主要取决于集聚的负外部性和正外部性两种效应合力的大小。

20 世纪 90 年代以来，随着发达国家与发展中国家间的贸易活动增多，发展中国家环境在持续恶化，学者们关注贸易和投资对环境的影响。其中有代表性的研究是格罗斯曼和克鲁格 1991 年关于北美自由贸易区的建立对环境的影响，尤其是对墨西哥环境造成的影响。格罗斯曼和克鲁格应用 42 个国家的城市中三种污染物的截面数据分析空气质量和经济增长的关系，认为贸易壁垒的减少一般会通过扩大经济活动的规模、改变经济活动的构成、改变生产技术而影响环境。[①] 对此，相关文献归纳为规模效应、结构效应和技术效应，用于研究经济增长、贸易与环境污染的关系。[②] 产业集聚与经济增长和贸易活动密切相关，其后很多相关研究也从这三个方面效应研究产业集聚与环境污染的关系。

---

① Gene M. Grossman，Alan B. Krueger：Environmental impact of a North American free trade agreement，NBER working paper No. 3914，November 1991.

② Werner Antweiler，Brian R. Copeland，M. Scott Taylor：Is free trade good for the environment?，American economic review，2001，91 (4)：877—908.

一、产业集聚影响环境污染的规模效应

产业集聚的规模不同对环境污染的效应也不同。通常，随着经济活动的扩张，污染排放物会增加，产生的污染总量会增加，条件是该经济活动的性质没有改变。但是产业集聚规模的扩大，会对经济活动性质产生影响。因此，产业集聚对环境影响的规模效应同时具有正向效应和负向效应。

一种情况，产业集聚规模扩大导致污染物排放量增加。由于产业集聚，特定区域企业数量增多，投入产出总量增加，污染排放也会相应增加。产业集聚的规模效应不仅通过企业总量增加，也通过企业自身规模扩大引起。由于经济活动总量增加，势必消耗更多的资源和能源，废水、废气和固体废物的排放必然增加。如果未加处理，直接排放到周围环境中去，必然加重环境污染，对周边地区生态环境的压力也会增大。这种规模效应，通常是在经济活动总量不断增加，而其他条件未变的情况下发生的。也就是说，贸易和投资自由化导致经济活动的扩大，如果这种活动的性质保持不变，那么所产生的污染总量就必须增加，例如，化石燃料燃烧对环境造成的有害后果，以及卡车业造成的空气污染。如果经济增长引起对能源的需求增加，然后以类似于现行方法的方式产生能源需求，那么有害污染物的产量就会增加，从而导致经济产出的增加。同样，在贸易扩大导致对跨境运输服务的需求增加而不改变卡车运输做法的情况下，贸易增加将导致空气质量恶化。[①] 另外，产业过度聚集会产生拥挤效应(congestion effect)，包括生产率下降、交通堵塞、污染等。在集聚区域，有些企业为了节约成本，不愿意对污染排放进行治理，存在“搭便车”的行为，这也加剧了已有的环境污染问题。有研究表明产业集聚带来的规模效应和拥挤效应将会加大污染。[②]

另一种情况，产业集聚对环境的正向效应。产业集聚不仅可增大产业的规模，也可提高资源利用效率和生产效率，提升经济增长质量[③]，进而减少污染排放。从单个企业来说，生产规模的扩大，可以提高劳动生产率，提高资源和

---

① Gene M. Grossman，Alan B. Krueger：Environmental impact of a North American free trade agreement，NBER working paper No. 3914，1991.

② Martin Andersson，Hans Lööf：Agglomeration and productivity：evidence from firm－level data，The annals of regional science，2011，46 (3)：601－620.

③ Antonio Ciccone：Agglomeration effects in Europe，European economic review，2002，46 (2)：213－227.

能源的利用率；从企业外部来看，由于集聚区内企业数量增多，企业之间的业务联系增多，在区域内形成了较为合理的分工，从而在企业之间形成循环经济，减少污染排放。企业数量增多，也为污染物的集中治理提供了可能。单个企业不需要增加更多的减排设施，而可以交由专门的污染治理企业或机构管理。产业集聚区相关联企业在区域内可以共享资源要素和基础设施，可提高资源和设施的利用效率，减少环境污染物的排放。

二、产业集聚影响环境污染的结构效应

随着产业集聚，在集聚区内形成了相互之间具有关联的企业集群，这些企业具有上下游关联特征，或具有互补的关系，即使是同类型的企业也会在产品上形成差异化，这就是产业集聚带来的结构变化。由于产业集聚引起产业结构发生改变，进而对周围环境的作用方式也随之变化。

格罗斯曼应用比较优势理论解释贸易对环境的影响，发现贸易政策的任何变化都会产生一种结构效应，进而影响环境。例如随着贸易自由化，一国专业生产自己具有比较优势的产品部类，一方面，如果比较优势来自环境规制的差异，贸易自由化带来的结构效应将会损害环境。每个国家会倾向于专业化从事政府没有严格监管的经济活动，将当地污染治理成本相对高的产业移出。另一方面，如果国际比较优势来自传统因素，即要素禀赋和技术的跨国差异，结构效应对环境的影响将是不明确的。对污染水平影响的净效应取决于在该国有更严格的污染控制的情况下，污染密集型活动是否扩大或减少。[①]

学者对制造业集聚中产业结构与外部经济之间的关系也进行了实证研究。费泽（Feser）运用企业层面数据对美国制造业集聚中产业结构与外部经济之间的联系进行实证分析，在创新密集型产业——测量和控制设备产业中的竞争结构（较低的集中度）与生产率之间找到了强有力的正相关关系，但在技术驱动程度较低的产业——农业和园艺设备产业中则没有显著的关联。[②] 罗森塔尔和斯特兰奇（Rosenthal，Strange）利用微观数据计算了6个产业的结构指标、区域跨产业多样性指标以及本地化和城市化经济的同心圆指标后发现，产业结构和企业组织会影响特定行业内集聚所产生的效益，产业结构和企业组织的集

---

① Gene M. Grossman，Alan B. Krueger：Environmental impact of a North American free trade agreement，NBER working paper No. 3914，November 1991.

② Edward J. Feser：Tracing the sources of local external economies，Urban studies，2002，39 (13)：2485—2506.

聚效应值得深入研究。[①] 这些研究显示了产业集聚程度会引起产业结构的变化。

产业集聚对经济的发展具有积极的作用，利于企业降低成本、加快创新，形成规模经济和范围经济，一个经济区域内某些行业中的同类企业及配套企业高密度集聚在一起进而形成较强的竞争力。不论是同类产业集聚还是跨产业集聚都会促进地区经济发展，不同类型产业集聚在某种程度上作用更大，集聚区内产业的异质性有助于提高生产率。集聚区内不同产业之间逐渐形成竞争与合作的关系，也能促进产业结构优化。亨德森（Henderson）使用面板数据估计了机械和高技术产业工厂层面的生产函数，数据涉及来自本地同一产业的其他工厂和来自本产业以外的地方经济活动的专业或多样性的规模外部性，得出在高技术产业而不是机械行业具有很强的生产率效应。但考虑到它们对外部环境的依赖，单一的工厂企业比拥有多个企业的工厂既可以受益又能产生更大的外部收益。关于动态外部性，高技术的单独企业也受益于过去自身产业活动的规模。[②] 在不同国家，产业集聚具有不同的外部性。德克尔（Dekle）以1975—1995年日本县级全要素生产率数据估计了马歇尔外部性、雅各布斯外部性和波特外部性的影响，发现在一位数产业分类层面上，金融、服务以及批发零售产业具有显著动态外部性，并发现制造业在两位数或更低的水平上存在显著的马歇尔外部性。制造业动态马歇尔外部性存在，但仅限于两位数及以下的行业类别（如软件或滚珠轴承制造业），而这些产品类别（雅各布斯外部性）之间的溢出效应相当有限。[③] 关于产业多样性和平均企业规模对生产率、就业增长、创新和创业影响的研究越来越多。虽然确实存在地方产业结构与集聚经济之间联系的经验证据，但其中大部分是间接的。[④] 亨德森和德克尔的研究表明产业集聚能够优化产业结构，集聚区内通过学习、交流和模仿能够较好地提高高新技术产业的劳动生产率，促进其发展，对一些高端服务业也有明显的促进作用，进而优化产业结构。集聚区域内的竞争促进了产业结构的升级优化，低

---

① Stuart S. Rosenthal, William C. Strange: Geography, industrial organization, and agglomeration. Review of economics and statistics, 2003, 85 (2): 377—393.

② J. Vernon Henderson: Marshall's scale economies, Journal of urban economics, 2001, 53 (1): 1—28.

③ Robert Dekle: Industrial concentration and regional growth: evidence from the prefectures, Review of economics & statistics, 2002, 84 (2): 310—315.

④ Joshua Drucker, Edward Feser: Regional industrial structure and agglomeration economies: an analysis of productivity in three manufacturing industries, Regional science & urban Economics, 2015, 42 (1): 1—14.

级的加工企业和污染严重的企业会因为竞争压力增大而提高生产率，从而减轻污染。

产业集聚不同于产业集中，不是简单的产业罗列和叠加。聚集区内企业之间不论是在横向还是纵向上都有相关性，都能够产生结构效应。产业聚集也能够使产业分工更为细化和专业化，企业之间的联系和交流更为快捷，能促进循环经济的产生。[①] 随着产业集聚规模的扩大，在集聚区内形成了合理的产业结构，同时上下游企业之间的联系有利于资源的合理利用，且产业集聚区内也能吸引一些环保企业，有利于产业结构的优化，从而减少污染排放。

当然，如果产业园区污染企业过度集聚，产业结构单一，缺乏必要的环境监管，环境污染必然增加。发达国家和发展中国家都有过这方面的经验教训。例如江苏盐城响水县化工园区污染企业过度集聚造成的严重污染和爆炸事故，而响水县化工园区中的企业是 1994 年以来由苏南转移而来的污染较重的化工、印染和金属电镀等行业。[②] 当地一直存在化工生产导致的环境污染问题，主要污染物为二氧化硫、氮氧化物以及苯、甲苯、二甲苯等有机污染物。[③] 园区企业规模小，一些企业技术不先进，在环境理念和治理能力上难以达到环保要求。这是经济落后地区大量吸聚化工产业而安全生产能力却未能匹配带来的问题，是产业集聚结构不合理而对环境产生的负向效应。

三、产业集聚影响环境污染的技术效应

马歇尔外部性认为，产业集中有助于企业之间的知识溢出，从而促进该产业增长。相当多的文献研究了产业集聚的知识和技术溢出效益。马歇尔曾将从事同一技术贸易的人从近邻获得的优势归因于三种不同类型的聚集外部性——大量熟练劳动力池、容易接触当地客户或供应商、当地知识溢出的好处。人才的流动和交流促进了思想和技术的交流。技术溢出效应影响企业的区位和产业集聚。[④] 由于外部性会产生锁定效应（lock－in effect），即一个产业一旦为自己选择了一个区位，那么它将倾向于长期在该区位生产，这是因为当人们与近

---

① 冯薇：《产业集聚与生态工业园的建设》，《中国人口・资源与环境》，2006 年第 3 期，第 51～55 页。

② 郑丹：《化工园区，风险叠加区？》，《中国石油石化》，2019 年第 9 期，第 20～25 页。

③ 顾春红：《由响水天嘉宜"3・21"爆炸论化工企业环境风险防控机制工作的重要性》，《污染防治技术》，2019 年第 3 期，第 54～56 页。

④ Thomas Brenner，Niels Weigelt：The evolution of industrial clusters—simulating spatial dynamics，Advances in complex systems 2001，4（1）：127－147.

邻之间反复进行贸易时会发现有很大的好处。一个人有了一个新的想法，会很快被其他人采纳并得到建议，进而成为创新的源泉。[①]

有研究表明，环境污染程度随着技术水平的提高单调递减。格罗斯曼和克鲁格认为在贸易和投资自由化之后，单位经济产品的污染产量会发生变化，这有两方面的原因（尤其是在发展中国家）：一是当对外国投资放松以后，国外资本会转移先进技术到本地经济，由于不断增长的全球对环境的关切，新的技术比旧技术更为清洁；第二，自由化带来了收入的增加，政治体要求更为清洁的环境作为不断增长的国民财富的表现。[②] 因此，更严格的环境标准和对现有法律的严格执行是对经济增长的自然政治反应。

尽管有拥挤、增加的要素成本和商业秘密泄漏给竞争对手的风险，同一产业的公司仍然经常在相互靠近的地方设立[③]，这是由于产业集聚的技术溢出效益大于集聚带来的风险。因此，世界各国纷纷建立产业园区以获取集聚效益。知识溢出的空间局限性正是全球各地纷纷建立高新技术园区的最好的理论解释角度。[④] 在产业园区，邻近企业可以享受技术溢出效益。

对于产业集聚的知识溢出效应产生创新，相关研究对于是产业多样化集聚还是专业化集聚产生创新存在不同的观点。一种观点认为产业集聚的多样化有利于创新，费尔德曼（Feldman）等对美国城市产业的创新产出进行研究后得出，经济活动的专业化并不能促进创新产出，而共享共同科学基础的互补经济活动的多样性更有利于创新，城市内部对新思想的竞争程度比地方垄断更有利于创新活动。[⑤] 另一种观点认为专业化集聚有利于创新。巴普蒂斯塔和斯旺（Baptista，Swann）将区域就业作为衡量集群实力的一种标准，发现如果一家企业所在地区相同产业部门的就业情况良好，该企业则更有可能进行创新。而邻近的其他行业的情况对此的影响似乎并不显著，可能表明存在拥堵效应，但

---

① Masahisa Fujita，Jacques－François Thisse：Economics of agglomeration，Journal of the Japanese and international economics，1996，10（4）：339－378.

② Gene M. Grossman，Alan B. Krueger：Environmental impact of a North American free trade agreement，NBER working paper No. 3914，November 1991.

③ Glenn Ellison，Edward L. Glaeser：The geographic concentration of industry：does natural advantage explain agglomeration?，American economic review，1999，89（2）：311－316；Stuart S. Rosenthal，William C. Strange：The determinants of agglomeration，Journal of urban economics，2001，50（2）：191－229.

④ 梁琦：《产业集聚论》，商务印书馆，2004 年，第 4 页。

⑤ Maryann P. Feldman，David B. Audretsch：Innovation in cities：science based diversity，specialization and localized competition，European economic review，1999，43（2）：409－429.

这在很大程度上取决于产业聚集程度。[①] 因此，产业集聚的技术溢出推动创新具有一定条件，也有技术不经济的情况发生。

产业集聚的技术溢出效应通过三种途径减少污染排放：由于竞争的存在，企业竞相采用新技术，新技术更加环保，有助于减少排放；企业为了提高劳动生产率，提高能源利用率，优化能源消费结构，减少污染排放；产业集聚使得相邻企业之间可以借鉴学习污染治理技术，从而减少污染排放。在研究产业集聚和环境污染的相关文献中，技术进步多被作为产业集聚影响环境污染的重要控制变量。

从相关文献看出，产业集聚对环境影响的三种效应有不同的结果，归纳起来有三种观点，见表 3－1。

表 3－1　产业集聚对环境影响的三种观点

基本观点	论述、论证	政策建议
正向关系	产业集聚有利于环境技术进步，改善产业结构	充分发挥市场机制调节作用
非线性关系	产业集聚对环境的影响取决于正外部性和负外部性的平衡	政府引导，促进产业园区建设，形成循环经济
负向关系	产业集聚的规模效应会产生污染集聚，环境规制薄弱的国家和地区会为了经济增长牺牲环境	对于产业转移要谨慎，避免“污染天堂”效应

资料来源：根据文献综述整理

总体来说，产业集聚规模效应、结构效应、技术效应对环境污染影响的程度不同，存在正向效应和负向效应，对不同产业、不同国家、不同阶段的实证研究都表现出不同的结果。因此，最终的产业集聚对环境污染的影响取决于正外部性和负外部性的均衡。安特韦勒、科普兰和泰勒（Antweiler，Copeland，Taylor）发展了一个理论模型解释贸易对环境影响的规模效应、技术效应和结构效应，然后使用全球环境监测系统中 44 个发达和发展中国家 109 个城市 1971—1996 年二氧化硫集聚的数据检验了这一理论。他们发现贸易的结构效应对环境影响相对较小，贸易创造的技术和规模效应相互抵销后带来了污染的减少，其影响机制是国际贸易自由化使产出和收入都提高 1%，污染浓度下降 1%。具体来说，经济活动的规模增长 1%将会使污染浓度提高大约 0.3%。但

① Rui Baptista，Peter Swann：Do Firms in clusters innovate more?，Research policy，1998，27(5)：525－540.

通过技术效应，伴随收入增加驱使污染浓度下降了大约 1.4%。结论是自由贸易有利于环境。[①] 费尔霍夫和尼吉坎普（Verhoef，Nijkamp）从（正）集聚经济和（负）环境外部性之间的复杂力场角度来分析和描述城市均衡。他们在线性城市经济简化表示的基础上，设计了一个一般均衡模型，并通过数值模拟对其性质进行了研究。该模型包括一个空间工业中心，其中集聚外部性在空间上有差别，一个受到污染的居住区也在空间上有差别。为了简单起见，他们对城市环境外部性进行了分析，认为其与化石燃料的使用成正比，因此能源税将是一个合乎逻辑的工具。企业的环境技术选择是企业应对环境外部性的一种工具，并被内生化。[②] 从 1987—2001 年，美国制造商排放的空气污染减少了 25%，而制造业产出的实际价值增长了 24%。这主要是生产或工艺方面的进展，即技术效应，而不是制造业产品结构改变带来的变化。[③] 实证研究结果印证了产业集聚对环境影响的不同效应的复杂性。

因此，产业集聚规模效应、结构效应、技术效应对环境污染影响是正向效应和负向效应共同作用的结果。产业集聚与环境污染之间的关系是复杂多变的，这些效应的发挥还会受到产业集聚生命周期的影响，在产业集聚的不同阶段，正向效应与负向效应的变动程度都会影响产业集聚与环境污染的关系。

第二节 产业集聚不同阶段对环境污染的影响

产业集聚具有不同的发展阶段，与产品生命周期一样，产业发展、产业集聚、产业集群发展都存在生命周期。在产业集聚的不同阶段，其对环境污染的效应也不同。

一、产业集聚生命周期

产品、技术、产业、集群和市场都经历了发展、增长和衰退的过程，即具

---

① Werner Antweiler，Brian R. Copeland，M. Scott Taylor：Is free trade good for the environment?，American economic review，2001，91 (4)：877−908.

② Erik Verhoef，Peter Nijkamp：Urban environmental externalities，agglomeration forces，and the technological “deus ex machine”，Environment and planning，2008，40 (4)：928−947.

③ Arik Levinson：Technology，international trade，and pollution from US manufacturing，American economic review，2009，99 (5)：2177−2192.

有生命周期。雷蒙德·弗农（Raymond Vernon）早期研究区位经济学，在其1966年发表的文章《产品周期中的国际投资和国际贸易》中提出了著名的产品生命周期理论[①]，其后这一理论不断深化和拓展。戈特和克莱珀（Gort，Klepper）1982年关于产业演进理论的研究取得了开创性进展[②]，其后克莱珀、奥德雷奇和费尔德曼（Audretsch，Feldman）论述了产业生命周期[③]；达勒姆（Dalum）等建立了技术生命周期模型[④]，门泽尔和福纳尔（Menzel，Fornahl）等通过建立模型解释了集群生命周期以及其与产业生命周期的不同。[⑤] 不同的生命周期阶段具有不同的特征，不同的生产活动可以与周期中的不同阶段相关联并在不同阶段实施。文献研究较多的是产业生命周期和集群生命周期。产业集聚与产业发展和产业集群密切相关，它们的生命周期因此具有相似性。

（1）产业生命周期（Industry Life Cycle，ILC）。每个产业都要经历一个产生发展的演变过程。奥利弗·威廉姆森（Oliver Williamson）将产业生命周期描述为产业发展三个阶段：早期探索阶段（exploratory stage）、中间发展阶段（development stage）和成熟阶段（mature stage）。[⑥] 早期探索阶段涉及供应相对原始设计的新产品，制造相对不专业的机械，并通过各种探索性技术销售，产量通常低。在这个阶段具有高度的商业不确定性。中间发展阶段生产技术更加精细、市场界定更加明确，响应于新认可的应用和不饱和的市场需求，产量迅速增长。在这一阶段，市场结果的不确定性仍然较高，但较前一阶段程度较小。在成熟阶段，管理、制造和营销技术都达到了相对高级的细化程度。市场可能继续增长，但会以更有规律和可预测的速度增长。这一阶段重大创新往往较少，主要是改进品种。自戈特和克莱珀对产业演进理论的开创性工作以来，后续研究从演化经济学、技术管理和组织生态学方面对产业生命周期进行

---

① Raymond Vernon：International Investment and International Trade in the Product Cycle，The quarterly journal of economics，1966，80（2）：190—207.

② Michael Gort，Steven Klepper：Time paths in the diffusion of product innovations，The economic journal，1982，92（367）：630—653.

③ Steven Klepper：Entry，exit，growth，and innovation over the product life cycle，American economic review，1996，86（3）：562—583；David B. Audretsch，Maryann P. Feldman：Innovative clusters and the industry life cycle，Review of industrial organization，1996，11（2）：253—273.

④ Bent Dalum，Christian Ø. R. Pedersen，Gert Villumsen：Technological life—cycles：lessons from a cluster facing disruption，European urban and regional studies，2005，12（3）：229—246.

⑤ Max—Peter Menzel，Dirk Fornahl：Cluster life cycles—dimensions and rationales of cluster development，Jena economic research papers，No. 2007—076，Universität Jena und Max—Planck—Institut für Ökonomik，Jena.

⑥ Oliver E. Williamson：Markets and hierarchies：analysis and antitrust implications，Free Press，1975：215—216.

分析。

对于产业生命周期的阶段构成，克莱珀对新产业的进入、退出，企业生存、创新和企业结构的证据进行验证，以评估产业是否随着其成长而经历正常的周期。在进入、退出和企业生存、企业结构等方面，对于那些与产品生命周期有显著差异的产业来说，也是有规律的，因此区分了产业生命周期的三个不同阶段：萌芽阶段、成长阶段和成熟阶段。①

（2）产业集群生命周期（Cluster Life Cycle）。马斯克尔和克比尔（Maskell，Kebir）描述了集群发展的三个阶段。第一阶段为产生阶段，集群或同地办公可能为企业带来经济和社会利益；第二阶段为扩展阶段，集群超越某些地理和部门阈值时遇到不经济；第三阶段为衰竭阶段，在集群生命周期内经济可能受到侵蚀和不经济开始。② 门泽尔（Menzel）等将集群生命周期分为产生（emergence）、增长（growth）、维持（sustainment）和衰退（decline）四个阶段，通过模型解释集群是如何在生命周期中运动的，以及为什么这种运动与产业生命周期不同。该模型基于三个关键过程：描述集群在整个生命周期中活动的集群异质性的不断变化；地理吸收能力使集群企业能够利用更大的知识多样性；与非集群企业相比，集群企业更强的趋同性导致集群异质性减少。集群生命周期不仅仅是产业生命周期的地区表现，而且容易出现地区特性。③ 集群理论不仅要为集群产生阶段共同区位寻找的特定利益提供解释，还必须对扩展阶段阻止不受约束的集群增长的平衡力和衰竭阶段可能导致集群衰落或灭绝的条件进行解释。也有学者指出，集群并不总是遵循其主导产业的生命周期，集群之间甚至集群内部（在子集群级别）的集群进化的多样性、集群知识的多样性和异质性扩大了现有进化轨迹的范围。④

产业集群生命周期与产业生命周期既有相同也有差异。学者们对产业生命周期与集群生命周期发展阶段的描述具有相似性，使用的时期和成长都是相同

---

① Steven Klepper：Industry life cycles，Industrial and corporate change，1997，6（1）：145－181.

② Peter Maskell，Leïla Kebir：What qualifies as a cluster theory?，DRUID working papers 05－09，2005.

③ Max－Peter Menzel，Dirk Fornahl：Cluster life cycless—dimensions and rationales of cluster development，Jena economic research papers，No. 2007－076，Universität Jena und Max－Planck－Institut für Ökonomik，Jena.

④ Jesús M. Valdaliso，Aitziber Elola，Susana Franco，et al：Do clusters follow the industry life cycle? Competitiveness review，2016，26（1）：66－86.

的。这种相似性不仅适用于产业和集群的数量发展，还适用于它们的质量发展。[①] 然而，产业生命周期和集群生命周期之间的运动存在不同，两者同样存在的异质性作为决定性变量，由于异质性的不同利用不可避免地导致不同的发展，正是集群企业和非集群企业之间异质性的使用导致了不同的生命周期。[②]

（3）产业集聚生命周期。韦伯将集聚分为两个阶段：第一阶段，根据分工优势，简单地通过企业扩张使工业集中化；第二阶段，每个大企业以其完善的组织而集中于某一区域。大规模生产显著的经济优势就是形成有效的地方性集聚的因素。这样的企业结合区位优势和自身业态发展集中于某个地方，以吸引同种类型企业的加入。这些企业结合自身发展做出的市场性行为有效地推动了地方性产业集聚，规模生产的优势开始逐渐浮现。韦伯将构成高级集聚阶段的基本因素细分为 3 个因素：技术设备发展、劳动力组织发展、整体经济组织良好的适用性。[③] 有学者从自组织理论出发，认为产业集聚包含四个过程：自组织创生、自组织增强、空间扩散（地理空间范围迅速扩散，形成相当的区域范围，成为区域增长极）和空间一体化（注重质量提升）。[④]

产业集聚生命周期的阶段，与产业生命周期和集群生命周期类似。归纳已有文献的研究，可将产业集聚划分为 3 个阶段：产生阶段（初级阶段）、发展阶段（中级阶段）、成熟阶段（高级阶段）。产业集聚的产生阶段，产业集聚开始进行探索并萌芽，这一时期市场容量低，企业面对的不确定性高，生产和工艺处于粗放状态。产业集聚的发展阶段，生产逐渐稳定，生产规模扩大，吸引相关企业不断进入这一产业集聚区域，产量增长较高，产品设计开始稳定，产品创新不多，生产过程更加精细化。产业集聚的成熟阶段，生产规模稳定，市场相对成熟，市场份额稳定，产出增长开始放缓，管理、营销和制造技术变得更加

---

① Michael J. Enright：Regional clusters：what we know and what we should know，In：Johannes Bröcker，Dirk Dohse，Rüdiger Soltwedel：Innovation clusters and interregional competition，Berlin：Springer，2003：99－129；Bent Dalum，Christian Ø. R. Pedersen，Gert Villumsen：Technological life－cycles－lessons from a cluster facing disruption，European urban and regional studies，2005，12（3）：229－246.

② Richard Pouder，Caron H. St. John：Hot spots and blind spots：geographical clusters of firms and innovation，Academy of management review，1996，21（4）：1192－1225；David L. Rigby，Jürgen Essletzbichler：Technological variety，technological change and a geography of production techniques，Journal of economic geography，2006，6（1）：45－70.

③ 阿尔费雷德・韦伯：《工业区位论》，李刚剑、陈志人、张英保译，商务印书馆，2009 年，第 132～133 页。

④ 王家庭：《区域产业的空间集聚研究》，经济科学出版社，2013 年，第 72 页。

完善。[①] 而推动产业地理集聚的力量在整个生命周期中各不相同。[②]

二、产业集聚不同阶段对环境污染的影响

由于产业集聚不同阶段具有不同的特征，因此各个阶段对于环境污染的影响效应不同。

在产业集聚的产生阶段，也就是早期和初级阶段，还未形成严格意义上的产业集聚，只是一些产业集中在特定区域，产业集聚只是单个企业自身规模的扩大。在产业生命周期初始时，尚无法观察到明显的空间集中度。虽然有一些小的集聚点，新产业中的少数公司仍然在地理上分散。随着产业的发展，集群开始出现。[③] 随着企业规模的扩大，资源消耗增大，这时由于环境规制不严格，污染会增加。有研究对中国 1999—2004 年的数据分析显示，绝大多数的环境污染来自经济规模的扩大。[④] 在产业集聚的早期阶段，集聚企业多为同类或相似生产企业，尚未形成较为合理的产业结构，而较为单一的产业结构不利于污染物排放减少。在产业集聚的初期，企业自身的创新活动较多，新的和较小的企业往往具有相对的创新优势。但在早期企业的技术创新还没有溢出效应，而环保技术方面的创新需要大量的投入。政府环境治理成本高，环境规制也不完善，环境规制在这一阶段的作用并不明显。[⑤] 因此，在这一阶段，企业在环保治理方面会"搭便车"，环境污染可能会增加。

在产业集聚的发展阶段，在特定区域形成了真正意义上的产业集聚。这些企业之间建立了各种联系，上下游企业、竞争对手、企业分拆等，新的参与者进入集聚后又建立新的联系。合作伙伴之间的关系在不断发展，竞争压力也在增加。产业集聚的规模增大，在其他条件不变时，必然会消耗更多资源和产生更多的污染物。随着产业集聚的进一步发展，由于企业的结构效应显现，上下

---

① Steven Klepper：Industry life cycles，Industrial & corporate change，1997，6 (1)：145-181.

② Liang Wang，Anoop Madhok，Stan Xiao Li：Agglomeration and clustering over the industry life cycle：toward a dynamic model of geographic concentration，Strategic management journal，2014，35 (7)：995-1012.

③ Steven Klepper：The evolution of geographic structures in new industries，Revue de l'OFCE，Presses de Sciences-Po，2006，97 (5)：135-158.

④ 于峰、齐建国、田晓林：《经济发展对环境质量影响的实证分析——基于 1999—2004 年间各省市的面板数据》，《中国工业经济》，2006 年第 8 期，第 36～44 页。

⑤ 李伟娜、杨永福、王珍珍：《制造业集聚、大气污染与节能减排》，《经济管理》，2010 年第 9 期，第 36～44 页。

游企业之间可以形成循环经济，从而有助于减少资源消耗和污染排放。由于竞争增加，也促进思想、技能和资源的交流，从而产生技术外溢，有利于产生更为环保的技术。格罗斯曼和克鲁格（1991）利用42个国家的城市中3种污染物的截面数据分析空气质量和经济增长的关系，发现二氧化硫、烟尘在国民收入处于低水平时会随着人均GDP的增长而增加，在较高国民收入水平时会随着GDP增加而减少。拐点是人均国民收入4000～5000美元（1985年美元价格基数）。产生这一现象的原因是综合因素作用的结果。随着经济增长、国民收入增加，经济活动规模的扩大，以及经济活动结构构成的改变、生产技术的变化，环境污染减少。[①]

在产业集聚的成熟阶段，产业集聚结构得以优化，企业之间竞争加剧，新技术更加环保节能，可以减轻环境污染。但是，随着大量的产业集聚在特定区域，产业集聚的拥堵效应开始出现。这时，创新活动往往较少。[②] 由于技术效应存在边际技术递减的规律，随着产业集聚程度的增加，技术效应改善城市环境的作用逐步减弱。[③] 当强劲增长的阶段结束时（例如20世纪40年代的汽车工业），这一产业分布变得更加分散。企业选择在远离一些集聚中心的地区建造工厂，以避免拥堵效应，并使生产更接近预定市场。此外，在成熟的产业中，知识通过数字化处理在网络传送减少了公司靠近产生这种知识的地方的必要性。[④] 随着产业的成熟，企业从产品创新转向过程创新。同类产品直接类比将决定性地意味着集群的衰落，因为降低成本在生命周期的后期阶段变得更为重要。然而，20世纪80年代“第三意大利”产业区的出现表明，在产业生命周期的后期阶段，产品创新也可成为重要的发展来源。[⑤] 随着产业集聚区域原有产业的迁出，新的产业迁入集聚区，可能使污染排放增加。

产业集聚周期发展过程中，产业集聚与环境污染呈现“N”形曲线趋势，

---

① Gene M. Grossman, Alan B. Krueger: Environmental impact of a North American free trade agreement, NBER working paper No. 3914, November 1991.

② Steven Klepper Entry: exit, growth, and innovation over the product life cycle, American economic review, 1996, 86 (3): 562—583.

③ Yaobin Liu: Exploring the relationship between urbanization and energy consumption in China Using ARDL (autore－gressive distributed lag) and FDM (factor decomposition model), Energy, 2009, 34 (11): 1846—1854.

④ Raymond Vernon: International investment and international trade in product cycle, Quarterly journal of economics, 1966, 80 (2): 190—207; Steven Klepper: Industry Life Cycles, Industrial and corporate change, 1997, 6 (1): 145—181.

⑤ Michael Storper: Oligopoly and the product cycle: essentialism in economic geography, Economic geography, 1985, 61 (3): 260—282.

如图 3-1 所示。

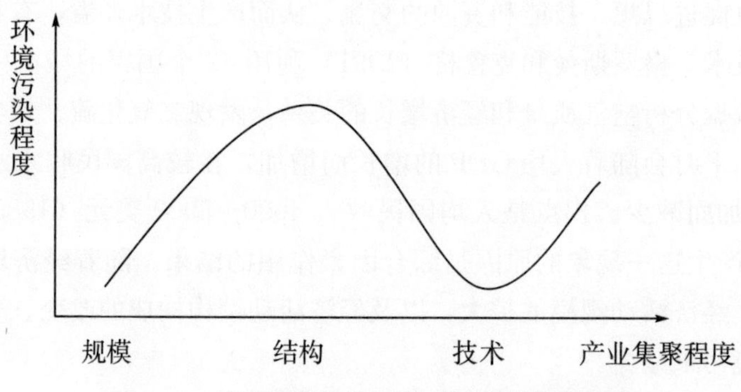

图 3-1　产业集聚不同阶段对环境污染的影响

在产业集聚的不同阶段，规模效应、结构效应、技术效应起作用的程度不同。在产业集聚的初期主要是规模效应起作用，在产业集聚的发展阶段主要是结构效应起作用，在产业集聚的成熟期主要是技术效应起作用。

第三节　产业集聚过程中外部因素对环境污染的影响

在产业集聚过程中，环境规制、外商直接投资等外部因素也会对环境污染产生影响。这节主要分析环境规制和外商直接投资的影响。

一、环境规制

环境规制强度直接影响污染物的排放。其一，通过环境规制促使企业直接减少污染排放。在经济增长初期，由于追求经济增长的目标、环境治理和技术缺乏等，环境规制较宽松，因而环境污染程度较重。环境规制会抑制企业的排污行为，但过于严格的环境规制会影响企业的选址，进而影响产业集聚。[①] 环境规制越严格，企业的减排压力越大，一定程度上抑制污染排放。[②] 其二，有效的环境规制能够促进企业节能减排技术的提升，使产业结构升级，促进绿色

① 包群、邵敏、杨大利：《环境管制抑制了污染排放吗?》，《经济研究》，2013 年第 12 期，第 42～54 页；黄茂兴、林寿富：《污染损害、环境管理与经济可持续增长——基于五部门内生经济增长模型的分析》，《经济研究》，2013 年第 12 期，第 30～41 页。

② 张可：《经济集聚的减排效应：基于空间经济学视角的解释》，《产业经济研究》，2018 年第 3 期，第 64～76 页。

发展。经济发展政策转变以及公众对“碧水蓝天”的迫切诉求，促使政府提高环境规制强度。[①]

有相关研究证实环境规制过于严格也会影响产业集聚。费尔霍夫和尼吉坎普从外部性的角度建立了一个单中心城市的一般空间均衡模型对城市可持续性进行了研究，指出其中存在两种外部性。一方面，工业中心的污染导致居住区环境质量在空间上产生不同程度的恶化。另一方面，城市的存在是由集聚经济来解释的，其表现为简单的马歇尔外部生产效益。他们通过研究自由市场与最优和次优空间均衡，并得出结论：追求环境目标有时会以降低集聚经济为代价。[②] 环境管制后，企业将逐渐承担污染治理成本，工业产出（如工业增加值、利润等）会相应减少。[③] 对污染物排放量征税会影响垄断行业的区位决定。[④]

环境法规在不同时期不同地区起作用的条件不同。在经济发展初期，环境规制相对较松，环境污染程度会随着产业集聚不断加重。随着经济发展，环境规制会逐步加强。在发达国家，环境法规相对成熟，因而对企业选址的影响较小。在美国，相关实证研究证实国家环境法规对新制造厂区位选择没有影响。莱文森对美国制造业企业区位选择和污染治理成本相关数据进行分析，得出的结论是，环境法规严格与否不影响企业选址行为，原因在于企业污染治理的环境合规性成本似乎太小，无法进入企业区位选择决定的权重。其所研究的污染密集行业平均花费大约4%的投资在污染治理设备上，而石油和煤炭产业花费了16%的投资用于污染治理。也有人认为，即使环境合规成本目前在美国各州之间存在差异，但也达到了一个相对一致的水平，对于企业选址上污染治理成本考虑没有影响。当然也存在另外的可能，就是污染密集程度越高的行业也恰好是最不容易污染的行业，因为对其监管越来越严格。[⑤] 依靠环境规制放松吸引产业集聚，将会产生“污染天堂”效应，这一点已经被研究人员论证并被

---

① 周明生、王帅：《产业集聚是导致区域环境污染的“凶手”吗？——来自京津冀地区的证据》，《经济体制改革》，2018年第5期，第185～190页。

② Erik T. Verhoef，Peter Nijkamp：Externalities in urban sustainability：environmental versus localization－type agglomeration externalities in a general spatial equilibrium model of a single－sector monocentric industrial city，Ecological economics，2002，40（2）：157－179.

③ 涂正革：《工业二氧化硫排放的影子价格：一个新的分析框架》，《经济学（季刊）》，2010年第1期，第259～282页。

④ Emmanuel Petrakis，Anastasios Xepapadeas：Location decisions of a polluting firm and the time consistency of environmental policy，Resource & energy economics，2004，25（2）：197－214.

⑤ Arik Levinson：Environmental regulations and manufacturers' location choices：evidence from the census of manufactures，Journal of public economics，2004，62（1－2）：5－29.

相关政府部门注意到，因而随着经济增长，污染企业的迁移会越来越难。实证文献关于是否宽松的环境规制是跨国公司区位选择的重要决定性因素也没有得出确定的结论。[①]

二、外商直接投资

吸引外商直接投资是各国尤其是发展中国家发展经济的一个重要举措，因为它可以带来资金和技术。外商直接投资也是影响环境污染的重要因素，因为它对环境污染有双重效应："污染光环"效应或"污染天堂"效应。"污染光环"效应指的是外资的技术溢出效应有利于改善东道国环境质量。一般外资企业比内资企业具有相对高的环保理念和环保技术，因此外商直接投资会改善环境；另外，外商直接投资的企业倾向于使用较为先进的生产技术，这些先进的环保技术和设备的引入产生了技术溢出，能够降低污染排放量。[②] 有学者将其归纳为外资的"示范效应""溢出效应"和"竞争效应"。[③] "污染天堂"效应指的是污染密集的企业倾向于设立在环境标准相对较低的国家或地区企业。外资产业的进入促进产业集聚程度提高，但污染密集型企业的引进则会加重环境污染。尤其在东道国经济发展初期，外商直接投资会加剧环境污染，存在"污染天堂"效应。[④] 因此，外商直接投资对环境质量的改善是否达到正向作用尚存争议，这在产业集聚发展实践中需要具体问题具体分析。

第四节　西部地区制造业集聚对环境污染的影响机制及理论假说

本书对西部地区制造业集聚对环境污染的影响从规模效应、结构效应、技术效应进行分析验证，并对制造业集聚不同阶段对环境污染效应进行验证；同

---

① Beata K. Smarzynska，Shang-Jin Wei：Pollution havens and foreign direct investment：dirty secret or popular，NBER working paper，No. 8465，September 2001.

② 许和连、邓玉萍：《外商直接投资导致了中国的环境污染吗？——基于中国省际面板数据的空间计量研究》，《管理世界》，2012 年第 2 期，第 30～43 页。

③ 李金凯、程立燕、张同斌：《外商直接投资是否具有"污染光环"效应？》，《中国人口·资源与环境》，2017 年第 10 期，第 74～83 页。

④ 霍伟东、李杰锋、陈若愚：《绿色发展与 FDI 环境效应——从"污染天堂"到"污染光环"的数据实证》，《财经科学》，2019 年第 4 期，第 106～119 页。

时，对制造业集聚过程中环境规制和 FDI 等外部因素对环境污染的影响进行验证。本书对西部地区制造业集聚对环境污染影响机制的分析框架如图 3-2 所示。

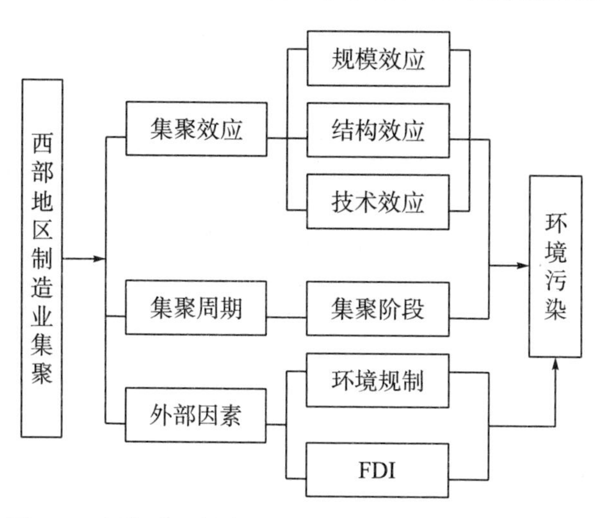

图 3-2 西部地区制造业集聚对环境污染的影响机制框架

结合西部制造业集聚和环境污染的实际情况，本书提出西部地区制造业集聚、经济增长对环境污染影响的假说。

假说 1：西部地区制造业集聚与环境污染呈非线性关系，这是其正负外部性共同作用的结果。

当制造业集聚水平较低时，制造业集聚对污染排放产生放大作用。制造业集聚首先是产业规模的扩大，这意味着污染物排放相应增加；当制造业集聚水平处于稳定状态后，制造业集聚超过临界点，集聚正外部性逐渐显现，制造业集聚对污染排放产生抑制作用；随着制造业集聚程度继续提高形成过度集聚，拥挤效应进一步显现，可能又会导致大规模的污染。与环境库兹涅茨曲线类似，制造业集聚与环境污染的关系可能呈现倒“U”形曲线关系，也可能呈现“N”形曲线关系，“N”形曲线关系可以看作倒“U”形曲线关系的延伸。是倒“U”形曲线关系还是“N”形曲线关系取决于制造业集聚程度处在的产业集聚生命周期的哪个阶段。

假说 2：西部地区制造业集聚规模发展到一定程度，有利于改善环境污染状况，减少单位产值的污染排放。

随着制造业集聚，在集聚区内，企业的竞争压力增大，在既定的环境标准下，企业出于自身效益的考虑，会采用有利于污染治理的新技术和生产设备。在制造业集聚区内，企业规模的增大，有利于循环经济，为污染的集中治理提供可能。污染排放与治理可能具有规模经济的性质。

假说 3：西部地区产业结构与工业污染排放呈正向关系。

产业结构决定污染排放物的类型，并对污染排放强度产生影响。以制造业为主的第二产业是工业污染物的主要来源。随着西部地区制造业集聚程度不断提高，第二产业在产业结构中占比也随之提高，工业污染排放会增多。

假说 4：西部地区制造业集聚过程中的技术进步有助于降低污染排放。

随着制造业集聚程度不断提升，有助于技术创新，改造落后产业和发展高新技术产业，推动制造业节能减排。

假说 5：西部地区制造业集聚过程中，环境规制、外商直接投资等外部因素有助于降低污染排放。

随着经济发展，对环境保护的要求必然越来越高，环境法规不断完善，污染排放的成本越来越高，产业集聚程度的提高也有助于企业节能减排；外商直接投资可以带来新的技术和管理经验，有助于企业相互学习，减少污染排放，因此，外商直接投资对西部地区可能带来“污染光环”效应。

第四章　西部地区制造业集聚程度和工业污染排放强度分析

制造业是国家经济和社会发展的主体产业，是一国综合国力的体现。马歇尔在《经济学原理》中指出，制造业是典型的产业，大规模生产有时在制造业上表现得最清楚。我们可以把从事原料加工或将原料加工成各种成品，拿到远方市场出售的所有企业包括在制造业这个行业之中。制造业规模优势的最好例证是其具有自由选择地点的能力。大规模生产的主要利益是技术的经济、机械的经济和原料的经济，但最后一项与另两项相比，正在迅速失去它的重要性。① 关于制造业发展的研究也是经济学相关领域的研究重点之一。经济学关于制造业的研究也取得了丰富的成果。随着工业发展，制造业趋向于集聚在特定区域，并对区域经济发展产生了重要影响。近年来，中国学者的研究重点在于制造业结构调整转型升级以及制造业环境污染问题。

第一节　西部地区制造业集聚程度分析

一、西部地区制造业集聚的发展历程

新中国成立后，为了迅速奠定国民经济发展的物质技术基础，国家对制造业发展进行了重点布局。但由于各种原因，制造业的发展曾一度停滞不前。改革开放后的 40 多年，中国的制造业发展大致经历了四个阶段：1978—1991 年制造业复苏发展阶段、1992—2001 年制造业快速发展阶段、2002—2010 年制

① 阿尔弗雷德·马歇尔：《经济学原理》，宇琦译，湖南文艺出版社，2012 年，第 222 页。

造业规模迅猛扩张和深度国际化发展阶段、2011 年至今制造业高质量发展和全球价值提升阶段。[①] 在 2001 年以前中国制造业发展缓慢，但在 2001 年尤其是在中国加入世界贸易组织（WTO）后，中国制造业发展迅速，进入高速发展阶段。[②]

西部地区制造业发展作为国家整体制造业空间布局的重要一环，受到国家政策、区位因素、资源禀赋的综合影响。

第一个五年计划时期（1953—1957），中央政府在西部地区布局了工业基本建设，以改变中国工业只在东部地区的格局。1964 年起，中国中西部地区的 13 个省（区、市）进行了“三线建设”，在西部地区布局了大量军工企业，为西部地区制造业发展奠定了基础。改革开放后，国务院对因选址不合理而陷入经营困境的“大三线”企业进行统一搬迁，1990 年有 127 家企业完成搬迁，另有部分就地转产、停产或关闭。西部地区军工企业大量转为民用生产，但在市场经济大潮来临时，西部地区国有工业企业遇到了发展障碍，逐渐落后于东部地区。西部地区过去在政府主导下的资源空间配置和地域分工措施，是一定历史条件下的产物。由于生产要素不能自由流动，这样的资源配置和分工方式不符合效率原则。[③]

“三线建设”在西部地区形成了一些大型工业集聚区，奠定了西部工业基础。这些工业集聚区包括以输变电设备、电工器材、棉纺织为主的关中工业区，以大型水电站、有色金属、石油化工为主体的兰州工业区，以机械、天然气、化工、大型水电站为主的成渝工业区，以攀枝花钢铁公司为中心的攀西工业区，以及东川易门铜基地、个旧锡基地、昆明开阳磷基地、六盘水煤基地等。[④] “三线建设”中西部制造业集聚的区域布局是由政治和国家安全因素决定的。

改革开放后，西部地区制造业集聚受到要素禀赋的影响。梁琦（2003）计算了中国制造业中类行业 1994、1996、2000 年的基尼系数，烟草加工业集聚度最高，其中 77%集聚在西南，这主要在于西南地区的气候条件；航空航天

---

① 李廉水：《中国制造业 40 年：回溯与展望》，《江海学刊》，2018 年第 5 期，第 107～114、238 页。

② 李廉水：《中国制造业发展研究报告（2012）》，科学出版社，2012 年，第 20 页；雷鹏：《制造业产业集聚与区域经济增长的实证研究》，《上海经济研究》，2011 年第 1 期，第 35～45 页。

③ 梁琦：《分工、集聚与增长》，商务印书馆，2009 年，第 42 页。

④ 马泉山：《新中国工业经济史：1966—1978》，经济管理出版社，1998 年，第 269 页；范肇臻：《三线建设与西部工业化研究》，《长白学刊》，2011 年第 5 期，第 18～23 页；李曙新：《三线建设的均衡与效益问题辨析》，《中国经济史研究》，1999 年第 4 期，第 108～117 页。

器制造业集聚度排名第三，主要集中在我国的“三线”地区，西部地区是“三线建设”的重点区域；制糖业排名第十，主要集中在广东、广西、云南和新疆。[①] 这一时期西部地区的产业优势也仅表现在自然要素禀赋上。改革开放后，外资的进入对制造业的集聚产生了影响，沿海地区更接近国际市场的地理优势有利于工业集聚。[②]

2000年西部大开发战略的提出，2001年中国加入世界贸易组织，为西部地区制造业的发展提供了新的机遇。从制造业分布格局演变来看，西部各地区制造业的全国占比呈现出比较明显的以西部大开发战略重要节点为界的先下降后上升的演化趋势。1978—1999年，西部地区整体制造业的全国占比在下降，从具体地区来看，除广西、四川、云南、新疆4个省（区、市）小幅上升外，其他8个省（区、市）有不同幅度的下降；1999—2016年，西部地区整体制造业的全国占比整体呈上升态势，除云南、甘肃小幅下降外，其他10个省（区、市）有不同幅度的上升。[③] 对于西部地区制造业与全国制造业集聚度的相关研究，得出了大致相同的结论。[④]

近年来，西部地区制造业集聚平稳发展，但其内部分化现象较为明显。西北地区和西南地区呈现出差异化产业结构：西南地区近些年来向电子制造、装备制造、汽车产业等现代制造业转型，外贸出口增长较快，现代产业体系在逐步完善；西北地区自然资源富集，矿产开发和重化工业比重较大。[⑤] 西部地区制造业集聚的发展反映了制造业地区布局发展变迁的经济规律。随着西部大开发的进行，西部地区大力进行交通运输建设，物流更加便捷，交通运输的成本也急剧下降，资源禀赋在制造业集聚中的重要性明显减弱。由于制造业发展的行业技术特征、国家区域政策等因素的影响，中国制造业空间分布并不是向东部地区及沿海地区持续集中。[⑥]

---

① 梁琦：《中国工业的区位基尼系数——兼论外商直接投资对制造业集聚的影响》，《统计研究》，2003年第9期，第21～25页。

② 金煜、陈钊、陆铭：《中国的地区工业集聚：经济地理、新经济地理与经济政策》，《经济研究》，2006年第4期，第79～89页。

③ 毛中根、武优勐：《我国西部地区制造业分布格局、形成动因及发展路径》，《数量经济技术经济研究》，2019年第3期，第3～19页。

④ 杨洪焦、孙林岩、高杰：《中国制造业聚集度的演进态势及其特征分析——基于1988—2005年的实证研究》，《数量经济技术经济研究》，2008年第5期，第55～66页。

⑤ 孙久文、李恒森：《我国区域经济演进轨迹及其总体趋势》，《改革》，2017年第7期，第18～29页。

⑥ 叶振宇：《中国制造业集聚与空间分布不平衡研究：基于贸易开放的视角》，经济管理出版社，2013年，第108页。

二、西部地区制造业集聚的行业分布

(一) 制造业集聚度测算的方法、行业选取及数据来源

前文中介绍了常用的测度产业集聚的指标，包括市场集中度指数、空间基尼系数、赫芬达尔-赫希曼指数、区位商、EG 指数等，每种方法各有其优缺点，因此，在具体运用中，要根据实际研究问题，采用多种方法进行测度。经过对比各种测度方法和考虑所获数据的完整性，本研究选用行业集中指数、空间基尼系数和 EG 指数三种方法来分别计算西部地区产业集聚程度。

本研究的制造业数据选取自西部大开发以来 2000—2016 年的制造业分行业数据。所研究的制造业依照《国民经济行业分类》中 C 门类两位数代码行业分类。在 2000—2016 年间，《国民经济行业分类》国家标准（GB/T4754）于 2002 和 2012 年进行了两次调整，形成 GB/T 4754—2002 和 GB/T 4754—2011 两个版本。2002 年版与 1994 年版相比，对主要行业名称进行了调整，2012 年版将 2002 版的“29 橡胶制品业”和“30 塑料制品业”合并为“29 橡胶和塑料制品业”；将 2002 版的“37 交通运输设备制造业”拆分为“36 汽车制造业”和“37 铁路、船舶、航空航天和其他运输设备制造业”。2012 版中“41 其他制造业”“42 废弃资源综合利用业”“43 金属制品、机械和设备修理业”三个行业类别未纳入研究。本研究将橡胶和塑料制品业、交通运输设备制造业合并统计。本研究对象涵盖了制造业主要行业，一共 27 个两位数代码制造业，名称以 2002 版为基准。数据来源为历年《中国工业经济统计年鉴》、各省统计年鉴。本研究涵盖的两位数制造业行业名称及代码见附录（注：本书图表大多为作者根据相关年鉴计算而得，书中不再逐一标注出处。书中来源于其他文献的图表均标注出处）。

(二) 基于行业集中度指数的西部地区制造业集聚行业分布

1. 行业集中度指数

行业集中度指数（Concentration Ratio，CR），也称产业集中度、市场集中度，是测度产业集聚最简单、最常用的指标之一，用市场规模处于前 n 位的地区在市场中的份额的总和来表示，用于衡量某一产业市场的竞争程度。计算时，用某一产业规模最大的 n 家企业有关数值（如产值、销售产值、就业人数）占整个产业的份额表示。也可用区域数据测度某产业市场规模最大的前

几个省份所占的比例。计算公式为：

$$\mathrm{CR}_n = \frac{\sum_{1}^{n} X_i}{\sum_{1}^{N} X_i} \tag{4.1}$$

其中，CR_n 代表 X 产业中规模最大的 n 个地区的市场集中度，X_i 代表 X 产业中 i 地区的相关指标。行业集中度能够形象地反映产业市场集中水平。在具体分析中，一般取 $n=4$ 或 $n=8$。在本书中取 $n=4$，采用行业总产值和就业人数分别测度市场规模最大的前 4 个省（区、市）的市场集中度。

2. 西部地区制造业行业集中度分布

（1）西部地区制造业行业集中度 CR_4 整体处于上升趋势，2011 年后略有下降。见图 4－1。

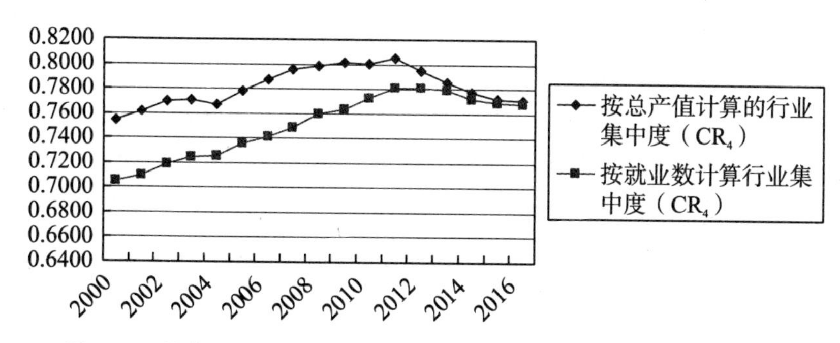

图 4－1　按产值和就业分别计算的制造业 CR_4 均值趋势（2000—2016）

在 2011 年之前，以总产值和就业测度的西部地区行业集中度趋于不断集中。按总产值计算的行业集中度高于按就业计算的行业集中度，但两种计算方式的行业集中度演变趋势大致相同。贺灿飞 2009 年分别用总产值和就业计算了 1980—2002 年我国制造业地理集中度，结果也显示出 20 世纪 90 年代以来，总产值的集中度高于就业的集中度，且具有大致相同的趋势。① 随着我国市场经济体制的不断完善，资源配置逐渐由市场决定，总产值和就业集中度越来越趋同。

从以总产值和就业测度的西部地区制造业产业集中度整体来看，前 4 个省份的市场集中度都大于 0.5，居于 0.5～0.9 之间，表明在西部地区内部各省（区、市）产业发展不均衡，行业前 4 个省（区、市）的总产值占整个行业总

① 贺灿飞：《中国制造业地理集中与集聚》，科学出版社，2009 年，第 42 页。

产值的比重很高。

（2）具体行业集中度分布。从2000—2016年的行业集中度CR_4变动趋势来看，27个制造业中有18个行业处于上升趋势，9个行业处于下降趋势。上升幅度超过10％的行业有5个：金属制品业，橡胶塑料制品业，皮革、毛皮、羽毛（绒）及其制品业，食品制造业，通用设备制造业。下降幅度超过10％的行业有4个：烟草制品业，有色金属冶炼及压延加工业，文教体育用品制造业，石油加工、炼焦及核燃料加工业。整体来说西部地区产业集聚的趋势在不断提高。上升幅度最大的行业为金属制品业；在有下降趋势的行业中，黑色金属冶炼及压延加工业，有色金属冶炼及压延加工业，石油加工、炼焦及核燃料加工业都属于与地区资源禀赋有关的资源密集型产业，它们集聚趋势的变化与地区产业结构调整有关，污染密集的落后产业逐渐被淘汰，优势产业从而集中。详见附录附表2。

用就业人数计算西部地区行业集中度CR_4与用总产值测度的CR_4结果相似，集中度都比较高。其中，增幅最大的前5个行业总产值和就业人数测度的结果有4个相同，降幅最大的5个行业只有2个相同（见表4－1、4－2）。从两种方法测度的结果可以看出，制造业就业人数在不断增加，幅度大于制造业行业总产值的增加。其大体结果与总产值计算出的相似，但变化幅度不同。

表4－1　西部地区集中度上升幅度最大的5个制造业分行业

（分别按总产值、就业人数计算）

计算方式	制造业分行业	2000年	2016年	变化率
按总产值计算	金属制品业	0.580（26）	0.758（14）	30.65
	橡胶和塑料制品业	0.588（25）	0.737（18）	25.30
	皮革、毛皮、羽毛（绒）及其制品业	0.784（10）	0.881（6）	12.36
	食品制造业	0.665（22）	0.744（15）	11.89
	通用设备制造业	0.775（12）	0.859（7）	10.86
按就业人数计算	皮革、毛皮、羽毛（绒）及其制品业	0.655（20）	0.909（4）	38.88
	金属制品业	0.576（27）	0.762（14）	32.21
	家具制造业	0.733（9）	0.926（2）	26.40
	通用设备制造业	0.671（15）	0.840（8）	25.23
	橡胶和塑料制品业	0.587（25）	0.717（19）	22.03

注：括号内数字为在27个行业中的排序，变化率为百分比（％）

表 4-2 西部地区集中度趋于分散幅度最大的 5 个制造业分行业
（分别按总产值、就业人数计算）

计算方式	制造业分行业	2000 年	2016 年	变化率
按总产值计算	石油加工、炼焦及核燃料加工业	0.925（1）	0.637（25）	−31.06
	文教体育用品制造业	0.858（7）	0.742（16）	−13.50
	有色金属冶炼及压延加工业	0.619（24）	0.536（27）	−13.38
	烟草制品业	0.888（3）	0.783（12）	−11.81
	纺织业	0.772（13）	0.704（21）	−8.85
按就业人数计算	有色金属冶炼及压延加工业	0.663（18）	0.550（27）	−17.07
	黑色金属冶炼及压延加工业	0.682（14）	0.625（25）	−8.28
	石油加工、炼焦及核燃料加工业	0.799（6）	0.741（17）	−7.20
	农副食品加工业	0.692（13）	0.658（23）	−4.92
	化学原料及化学制品制造业	0.580（26）	0.560（26）	−3.43

注：括号内数字为在 27 个行业中的排序，变化率为百分比（%）

同样，对于集中度排名前 5 的行业，用总产值计算的和按就业计算的结果显示大致相同，表 4-3 列出了 2016 年行业集中度排名前 5 的行业。

表 4-3 西部地区 2016 年行业集中度排名前 5 的行业

按总产值计算		按就业人数计算	
制造业分行业	集中度	制造业分行业	集中度
化学纤维制造业	0.9578	化学纤维制造业	0.9533
交通运输设备制造业	0.9405	家具制造业	0.9259
通信设备、计算机、其他电子设备制造业	0.9314	交通运输设备制造业	0.9224
家具制造业	0.9079	皮革、皮毛、羽毛（绒）及其制品业	0.909
木材加工及木、竹、藤、棕、草制品业	0.8818	通信设备、计算机及其他电子设备制造业	0.9077

（三）基于空间基尼系数的行业集聚格局

1. 空间基尼系数含义

基尼系数是依据洛伦兹曲线计算收入分配公平程度的指标，克鲁格曼等利用洛伦兹曲线和基尼系数的原理和方法，构造了测定产业空间分布的空间基尼系数，用于研究美国制造业集聚程度。其考虑了空间面积大小对集中度的影响，因此描述地理集中度更为准确。基尼系数是国际上用以衡量一个国家或地区居民收入不均等的常用指标，国外学者将其引入产业空间分布的研究，构建产业空间基尼系数，用于测度产业空间分布的不均匀状况。利用空间基尼系数方法测度产业地理分布的方法有两种：

一种是克鲁格曼（1991）等学者采用的空间基尼系数的公式，其基于产业区位商排序计算而来：

$$G = \sum_{i=1}^{N}(S_i - X_i)^2 \tag{4.2}$$

另一种见于《新帕尔格雷夫经济学大辞典》中的空间基尼系数公式：

$$G_i = \frac{1}{2n^2\overline{S}_i}\sum_{k=1}^{n}\sum_{j=1}^{n}|S_{ij} - S_{ik}| \tag{4.3}$$

其中 S_{ij}、S_{ik} 是省份 j 和省份 k 在产业 i 中所占的份额，n 是省份的个数，$\overline{S}_i$ 是各省份在产业 i 中所占份额的均值。这是使用最广泛的空间基尼系数计算方法。[①]

空间基尼系数一般取值在 0~1 之间，空间基尼系数值越靠近 1，产业的空间集聚程度越高，表明产业在空间的分布越不均匀。空间基尼系数值越接近于 0，说明产业的集聚程度越低。

产业集聚度的测算，可以采用就业数据，也可以采用总产值和增加值等产出数据。国外学者的研究多使用就业数据，如克鲁格曼（1991）、埃里森和格雷泽（1997）等，国内学者如杨帆等（2016）、贺灿飞（2009）、罗勇和曹丽莉（2005）、路江涌和陶志刚（2006）、范剑勇（2008）、文东伟等（2014）等也使用就业数据。用就业人数测度产业集聚可以避免货币价格因素的干扰。[②] 人口或就业人员的集聚在一定程度上能反映经济活动的集聚现象。[③]

2. 西部地区制造业空间基尼系数整体结果

本研究根据公式（4.3）分别用总产值和就业数据计算了西部制造业 27 个

① 采用此公式计算空间基尼系数的文献如贺灿飞：《中国制造业地理集中与集聚》，科学出版社，2009 年，第 20 页；文玫：《中国工业在区域上的重新定位和聚集》，《经济研究》，2004 年第 2 期，第 84~94 页。

② 文东伟、冼国明：《中国制造业的空间集聚与出口：基于企业层面的研究》，《管理世界》，2014 年第 10 期，第 57~74 页。

③ Antonio Ciccone，Robert E. Hall：Productivity and the density of economic activity，American economic review，1996，86（1）：54—70.

分行业的空间基尼系数，从行业均值来看，趋势基本一致，总产值计算结果略高于就业数值计算结果。图中数据可以看出，自西部大开发以来，西部地区制造业经历了不断集聚的过程，在 2011 年达到了最高，之后总体平稳发展，集聚度略有下降，见图 4—2。本研究在实证分析中采用就业计算结果。

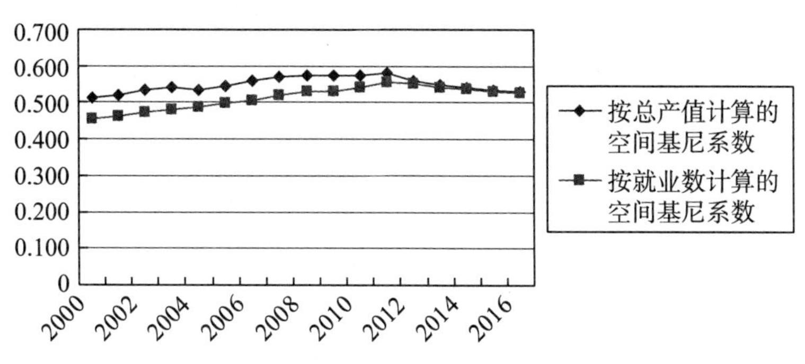

图 4—2　西部地区制造业空间基尼系数（2000—2016）

3. 行业空间格局

按就业数据计算的空间基尼系数来看，西部地区有 12 个行业均值超过了 0.500，行业均值最大的是化学纤维制造业，空间基尼系数为 0.755。西部地区化学纤维制造业主要分布在四川，新疆有少量分布，其他西部省（区、市）基本未有分布。集聚程度较高的行业多是劳动密集型和资源禀赋相关行业，与生活相关的轻工业集聚程度也较高。集聚程度最低的化学原料及化学制品制造业的空间基尼系数为 0.306，这类行业在东部沿海地区和长江中下游地区集聚较多。西部地区制造业有 17 个行业空间基尼系数低于 0.500，整体集聚程度不高，见表 4—4。

表 4—4　制造业行业按空间基尼系数均值分类

空间基尼系数均值范围	制造业分行业空间基尼系数均值
均值>0.600	化学纤维制造业（0.755），通信设备、计算机及其他电子设备制造业（0.698），家具制造业（0.679），文教体育用品制造业（0.667），皮革、毛皮、羽毛（绒）及其制品业（0.665），木材加工及木、竹、藤、棕、草制品业（0.638），交通运输设备制造业（0.628）
0.500<均值≤0.600	烟草制品业（0.596）、仪器仪表及文化、办公用机械制造业（0.576）、专用设备制造业（0.515）、通用设备制造业（0.506）、电气机械及器材制造业（0.503）

续表

空间基尼系数均值范围	制造业分行业空间基尼系数均值
0.400<均值≤0.500	纺织业（0.493），饮料制造业（0.486），造纸及纸制品业（0.476），纺织服装、鞋、帽制造业（0.464），农副食品加工业（0.464），印刷业和记录媒介的复制（0.460），石油加工、炼焦业及核燃料加工业（0.455），医药制造业（0.443），塑料和橡胶制品业（0.432），金属制品业（0.426），非金属矿物制品业（0.414），食品制造业（0.402）
均值≤0.400	黑色金属冶炼及压延加工业（0.387）、有色金属冶炼及压延加工业（0.333）、化学原料及化学制品制造业（0.306）

从2000—2016年的空间基尼系数变动趋势来看，27个制造业中有22个行业处于上升趋势，5个行业处于下降趋势，1个行业基本无变化。上升幅度超过10%的行业有11个：金属制品业，皮革、毛皮、羽毛（绒）及其制品业，家具制造业，通用设备制造业，橡胶和塑料制品业，印刷业和记录媒介的复制，木材加工及木、竹、藤、棕、草制品业，造纸及纸制品业，交通运输设备制造业，饮料制造业，仪器仪表及文化、办公用机械制造业。从时间段上来看，这些行业自2000年以来基本都是集聚程度缓慢平稳上升。从计算结果来看，西部地区产业集聚的趋势在不断加强。图4-3显示了趋于集聚的西部制造业行业变化趋势。

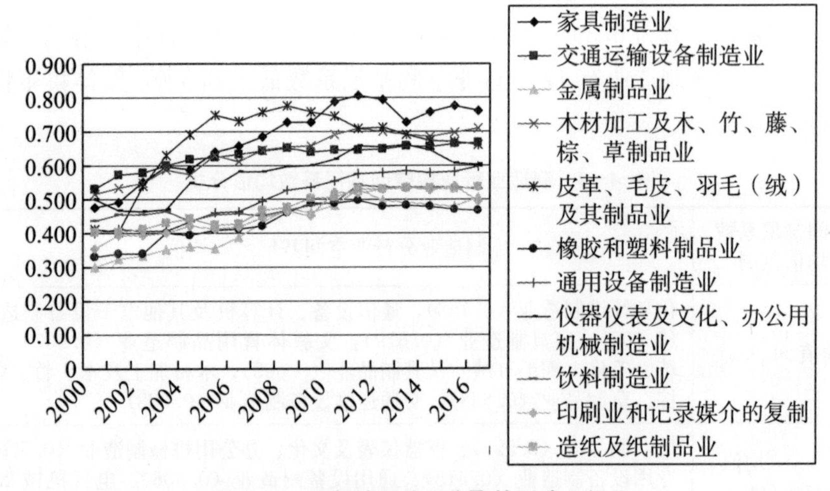

图4-3 西部地区趋于集聚的制造业行业

空间基尼系数趋于下降的行业有5个：农副食品加工业，石油加工、炼焦及核燃料加工业，化学原料及化学制品制造业，黑色金属冶炼及压延加工业。

产业集中度的变化与空间基尼系数的变化大体一致，个别行业差别较大，如按就业计算的黑色金属冶炼及压延加工业空间基尼系数下降超过 23%，而按行业集中度计算的下降幅度大约为 3%，这是由于产业集中度只考察行业占比前 4 位的省（区、市），而空间基尼系数考察制造业行业整体。图 4－4 显示了趋于分散的西部制造业行业变化趋势。

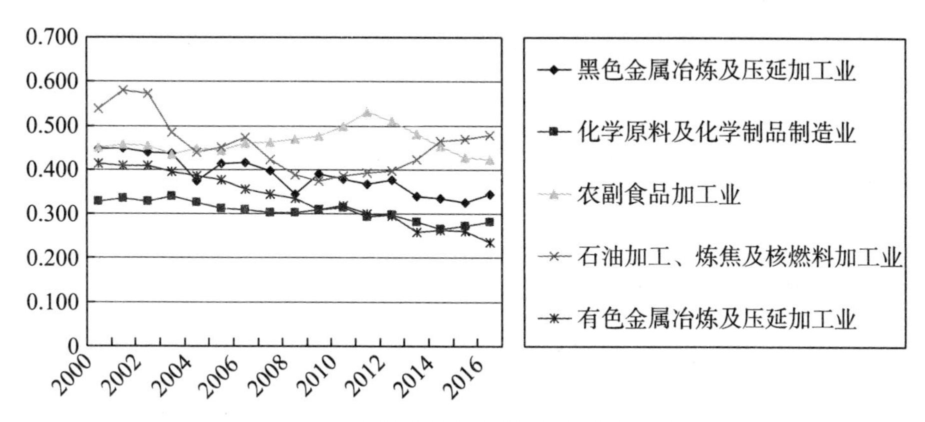

图 4－4　西部地区趋于分散的制造业行业

（四）基于 EG 指数的制造业行业集聚

由于企业规模大小会对产业集聚产生影响，而空间基尼系数、区位商等指标没有考虑这一情况，某个地区会因为只有少数几个规模较大的企业，甚至一个超大企业，具有较高的产值和就业人数，但按照空间基尼系数或区位商计算时集聚程度很高，并未有产业集聚现象，因此在进行跨产业比较时可能造成较大误差。埃里森和格雷泽综合考虑了空间基尼系数和赫芬达尔指数，构建了 EG 指数，以求更好地反映产业集聚情况。为了更全面反映西部地区制造业集聚的演变特征，本研究计算除西藏外西部 11 个省（区、市）（内蒙古、广西、重庆、四川、贵州、云南、陕西、甘肃、青海、宁夏、新疆）制造业 27 个子行业的 EG 指数。

埃里森和格雷泽构建的 EG 指数计算公式：

$$\gamma_i = \frac{G_i - (1 - \sum_{j=1}^{r} x_j^2) H_i}{(1 - \sum_{j=1}^{r} x_j^2)(1 - H_i)} \tag{4.4}$$

其中，$G_i = \sum_{j=1}^{r} (x_j - s_{ij})^2$ 表示空间基尼系数，$H_i = \sum_{k=1}^{N} Z_k^2$ 代表赫芬达尔

指数，操作中用 $H_i=\sum_{j=1}^{r}\frac{1}{n_{ij}}s_{ij}^2$ 代替赫芬达尔指数。

其中，i 代表产业，j 代表区域，k 代表企业，x_j 为区域 j 所有行业总产值占全国所有行业总产值的比例，s_{ij} 为产业 i 在区域 j 的产值占该产业全国总产值的比例，z_k 为企业 k 的产值占产业 i 总产值的比例。G_i 是产业 i 的空间基尼系数，该系数越高（最大值为 1），表明产业 i 在地理上越集中。

但与一些国家不同，中国没有公布国有及规模以上非国有工业企业的详细数据，因此埃里森和格雷泽计算赫芬达尔指数的方法需要进行改进。杨洪焦对赫芬达尔指数的计算公式进行了调整，假设：对于每个区域 j，产业 i 内的所有企业具有相同的规模，即工业总产值相等。[①] 调整之后的赫芬达尔指数的计算公式为：

$$H_i=\sum_{j=1}^{r}n_{ij}\left(\frac{\text{Output}_{ij}/n_{ij}}{\text{Output}_i}\right)^2=\sum_{j=1}^{r}\frac{1}{n_{ij}}\left(\frac{\text{Output}_{ij}}{\text{Output}_i}\right)^2=\sum_{j=1}^{r}\frac{1}{n_{ij}}s_{ij}^2 \quad (4.5)$$

其中，n_{ij} 为区域 j 拥有产业 i 的企业数量，Output_{ij} 为产业 i 在区域 j 的总产值，Output_i 为产业 i 的全国总产值。由上式计算出的赫芬达尔指数虽然不像埃里森和格雷泽所给出的公式那样精确，但由于其体现了 EG 指数构造过程的核心思想且对所有产业都进行了类似的处理，因此并不妨碍对产业集聚度的评估和比较。[②] 在实际计算时，可以用总产值，也可以用就业数，本研究采用就业数计算西部地区的 EG 指数。

判断 EG 指数大小没有绝对的标准，通常参考埃里森和格雷泽给出的分类标准：EG≤0.020，产业低度集聚，被认为不存在产业集聚；0.020＜EG≤0.050，产业中度集聚；EG＞0.05，产业高度集聚。据此，对计算出的西部地区 27 个行业的 EG 指数进行分类评估分析。

（1）从整体上看，西部地区制造业 27 个分行业 EG 指数的平均值从 2000 年的 0.042 上升到最高的 2012 年的 0.083，后几年有所下降，2016 年为 0.072，整体呈上升趋势，显示了自西部大开发以来西部地区制造业集聚程度不断提高，见图 4－5。

① 杨洪焦、孙林岩、吴安波：《中国制造业聚集度的变动趋势及其影响因素研究》，《中国工业经济》，2008 年第 4 期，第 64～72 页。

② 席艳玲：《产业集聚、区域转移与技术升级——理论探讨与基于中国制造业发展的经验证据》，南开大学博士论文，2014 年，第 59 页。

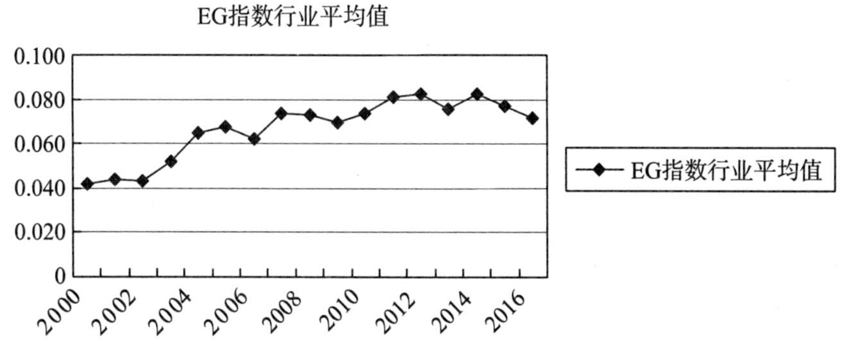

图 4-5　**西部地区** 27 **个制造业行业** EG **指数均值**（2000—2016）

（2）从分行业均值上看，EG 指数最高的 5 个行业为烟草制品业（0.217），文教体育用品制造业（0.207），化学纤维制造业（0.199），木材加工及木、竹、藤、棕、草制品业（0.158），家具制造业（0.153）。这些行业均为与资源禀赋有关且在个别省区高度集中的行业。近年来，随着西部地区基础设施建设逐步完善，一些技术密集型产业如通信设备、计算机及其他电子设备制造业在四川、重庆等省（区、市）集中。

EG 指数小于 0.020 的产业在西部地区有电气机械及器材制造业、食品制造业、通用设备制造业等 11 个，最低的非金属矿物制品业、医药制造业 EG 指数仅为 0.005 左右。这些行业在西部地区呈低集聚度分散状态，显示了西部地区这些行业未能充分发展从而形成一定规模，缺乏竞争力。详见表 4-5。

表 4-5　按 EG 指数高低划分的西部地区制造业行业集聚类型

集聚程度	EG 指数范围	制造业分行业
高度集聚	EG>0.050	烟草制品业，文教体育用品制造业，化学纤维制造业，木材加工及木、竹、藤、棕、草制品业，家具制造业，石油加工、炼焦及核燃料加工业，仪器仪表及文化、办公用机械制造业（前 7 个分行业大于 0.100），交通运输设备制造业，有色金属冶炼及压延加工业，皮革、毛皮、羽毛（绒）及其制品业，通信设备、计算机及其他电子设备制造业
中度集聚	0.020<EG≤0.050	饮料制造业、纺织业、黑色金属冶炼及压延加工业、农副食品加工业、专用设备制造业
低度集聚	EG≤0.020	电气机械及器材制造业，食品制造业，通用设备制造业，造纸及纸制品业，纺织服装、鞋、帽制造业，印刷业和记录媒介的复制，橡胶和塑料制品业，金属制品业，化学原料及化学制品制造业，非金属矿物制品业，医药制造业

三、西部地区制造业集聚的地理分布

（一）基于集中度指数的西部制造业省（区、市）地理集中情况

西部地区制造业主要集中在四川、重庆、陕西、广西等省（区、市），宁夏、青海、西藏等省（区）很多制造业行业未有布局。在西部地区行业集中度前5的行业中，以总产值计算和以就业计算的结果有4个行业相同。统计分析集中度在90%以上的行业，从其2016年总产值来看，集中度最高的化学纤维制造业主要分布在四川和新疆，两省（区）合计占西部地区该产业总产值的86%；交通运输设备制造业主要集中在重庆、广西、四川、陕西；家具制造业主要集中在四川，占西部地区总产值的62%；通信设备、计算机及其他电子设备制造业主要集中在四川、重庆、广西、陕西；皮革、毛皮、羽毛（绒）及其制品业（重污）主要集中在四川、重庆、广西、贵州。此外，云南的烟草制品业总产值占西部地区的一半以上，达到53%；内蒙古在有色/黑色金属冶炼及压延加工业、纺织业等行业总产值排名西部前列。详见附录附表3。

（二）基于区位商指数的西部地区制造业集聚分区域分析

区位商（Location Quotient，LQ）是测算产业集聚度的一个常用方法。区位商又称地区专业化指数，它由哈盖特（Haggett）首先提出并运用于区位分析中，衡量某一区域要素的空间分布情况。LQ的值越大，则专门化率也越大。区位商LQ计算公式为：

$$LQ_{ij} = \frac{E_{ij}/\sum_{i} E_{ij}}{\sum_{j} E_{ij}/\sum_{i}\sum_{j} E_{ij}} \tag{4.6}$$

式中，E_{ij}代表城市i在j产业上的就业人口，$\sum_{i} E_{ij}$表示j产业的全国就业人数，$\sum_{j} E_{ij}$表示i城市所有产业就业人数，$\sum_{i}\sum_{j} Eij$表示全国所有产业的就业人数。区位商指数是与全国范围相比的一个相对指数，LQ>1说明地区产业集聚程度大于全国水平，LQ<1则说明地区产业集聚程度小于全国水平，区位商指数越大说明产业集聚的程度越高。区位商指数也可以用产值计算。区位商指标测度的是一个地区某产业相对于全国水平所处的位置。如果某产业的区位商数值大于1.5，则表明这一地区该产业具有明显的比较优势。

从整体上看，西部地区制造业集聚的程度低于全国水平，大体上呈现先下降后平稳或缓慢上升的趋势。但重庆市自2000年以来，制造业集聚程度不断提高，目前已接近全国水平。内蒙古制造业集聚程度近年来持续下降，已接近西部均值。云南、甘肃、贵州、新疆、青海等省（区）在西部平均集聚程度以下，甘肃经历了一个持续下降的过程。西部地区制造业集聚分区域趋势见图4-6。

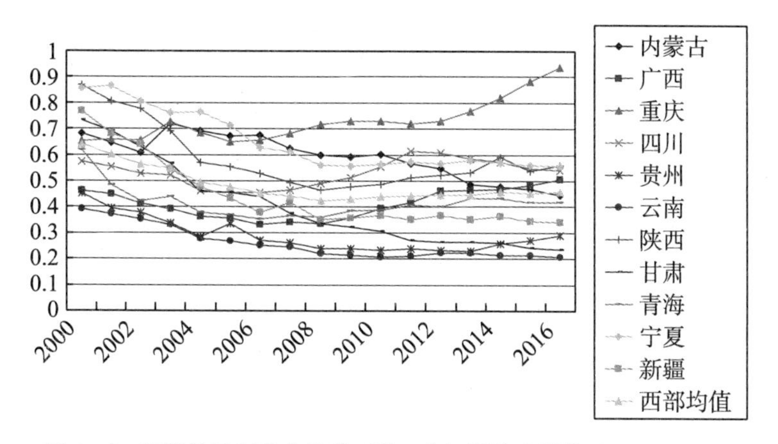

图4-6　西部地区制造业分省（区、市）区位商指数（2000—2016）

（三）西部地区制造业省（区、市）专业化

为了分析西部地区省（区、市）制造业专业化程度，采用区位基尼系数计算，取值范围为0到1，数值越高表明省（区、市）专业化程度越高。省（区、市）专业化区位基尼系数公式为：

$$G_i = \frac{1}{2N^2\mu}\sum_j\sum_k\left|\frac{x_{ij}}{X_i}-\frac{x_{ik}}{X_i}\right| \quad (4.7)$$

式中，x_{ij}或x_{ik}为省（区、市）i在j或k产业就业数或增加值等，X_i为省（区、市）i的全国总量，μ为省（区、市）i在各产业比重的均值，N为产业数量。

通过计算结果可以看出，西部地区省（区、市）专业化程度自2000年以来不断升高，见图4-7。

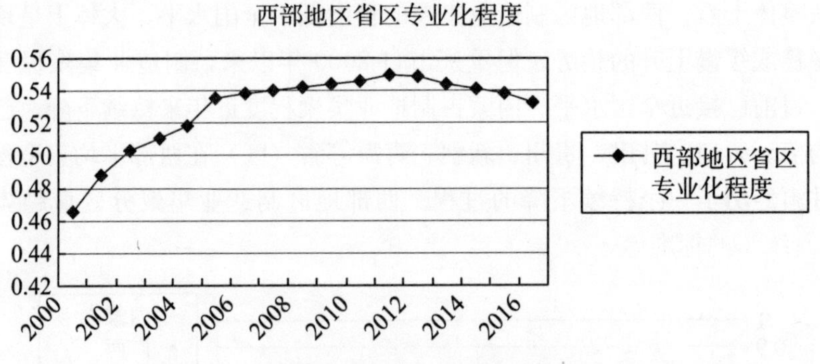

图 4－7 西部地区省区专业化程度（2000—2016）

从计算结果看，2000—2016 年西部省（区、市）专业化程度均值排序（由高到低）结果与其他学者研究大体相似。① 青海、云南、宁夏、贵州、甘肃这些省（区）主要是资源密集型产业，产业分布较为单一，产业部门较少，专业化程度较高，见表 4－6。

表 4－6 2000—2016 年西部省（区、市）专业化程度均值排序（由高到低）

省（区、市）	2000—2016 均值	省（区、市）	2000 年	省（区、市）	2008 年	省（区、市）	2016 年
青海	0.6818361	青海	0.5850893	云南	0.6950338	青海	0.7005175
云南	0.6682690	云南	0.5715398	青海	0.6748809	云南	0.6814865
宁夏	0.5935001	贵州	0.5542256	贵州	0.6391027	甘肃	0.6303525
贵州	0.5886220	内蒙古	0.5090796	宁夏	0.6093636	宁夏	0.6222642
甘肃	0.5811044	宁夏	0.4870657	甘肃	0.5995050	新疆	0.6071643
新疆	0.5754640	新疆	0.4769654	新疆	0.5872495	内蒙古	0.6047286
内蒙古	0.5433380	甘肃	0.4558230	内蒙古	0.5417156	贵州	0.5290104
广西	0.4277318	重庆	0.4061015	广西	0.4405443	陕西	0.4253780
重庆	0.4137864	广西	0.3925749	重庆	0.4360377	广西	0.4165475
陕西	0.4115959	陕西	0.3501311	陕西	0.4332580	重庆	0.3278374
四川	0.3292864	四川	0.3335347	四川	0.3015433	四川	0.3087342

① 贺灿飞：《中国制造业地理集中与集聚》，科学出版社，2009 年，第 49 页。

四、西部地区重污染制造业集聚度

严格地讲，所有产业都会或多或少地产生污染物，只是某些产业相对其他产业而言污染物产生得更多、排放得更密集，因此被称为污染密集型产业。目前尚没有统一的标准界定如何划分污染密集型产业。[①] 有学者根据不同产业的污染排放强度确定我国的污染密集型产业。[②]

国务院办公厅 2007 年制定的《第一次全国污染源普查方案》将工业源普查对象划分为重点污染源和一般污染源，分别进行详细调查和简要调查。确定的重点污染源范围 11 个重污染行业中，制造业占 10 个：造纸及纸制品业，农副食品加工业，化学原料及化学制品制造业，纺织业，黑色金属冶炼及压延加工业，食品制造业，皮革、毛皮、羽毛（绒）及其制品业，石油加工、炼焦及核燃料加工业，非金属矿物制品业，有色金属冶炼及压延加工业。另外一个是电力、热力的生产和供应业。除此以外，重点污染源范围还划定了 16 个重点行业，其中制造业占 10 个，包括饮料制造业，医药制造业，化学纤维制造业，交通运输设备制造业，木材加工及木、竹、藤、棕、草制品业，通用设备制造业，纺织服装、鞋、帽制造业，金属制品业，专用设备制造业，通信设备、计算机及其他电子设备制造业中规模以上企业。一般污染源是指工业源中除重点污染源以外的工业企业。

西部地区重污染制造业主要集中在四川（川）、内蒙古（内蒙古）、陕西（陕）、广西（桂），主要为冶炼、资源加工类行业。重污染行业集中度都较高，超过了 50%，这些行业的空间基尼系数除化学原料及化学制品制造业、有色金属冶炼及压延加工业外都大于 0.40。集中度和基尼系数结果较为一致，排名最高的是皮革、毛皮、羽毛（绒）及其制品业。从 EG 指数来看，有色金属冶炼及压延加工业 EG 指数超过 0.050，显示其在西部地区的高度集聚。纺织业，黑色金属冶炼及压延加工业，皮革、毛皮、羽毛（绒）及其制品业，有色金属冶炼及压延加工业 EG 指数超过 0.020，为中度集聚。详见表 4-7。

---

① 刘巧玲、王奇、李鹏：《我国污染密集型产业及其区域分布变化趋势》，《生态经济》，2012 年第 1 期，第 107～112 页。

② 赵细康：《环境保护与产业国际竞争力——理论与实证分析》，中国社会科学出版社，2003 年，第 215～218 页。

表 4-7　2016 年西部地区重污染制造业行业集中度、空间基尼系数、EG 指数

制造业行业	总产值前四省（区、市）	集中度	空间基尼系数	EG 指数
纺织业	川、内蒙古、宁、陕	0.70（21）	0.50（15）	0.037（13）
非金属矿物制品业	川、桂、陕、贵	0.67（23）	0.43（22）	0.006（26）
黑色金属冶炼及压延业	川、内蒙古、陕、甘	0.66（24）	0.40（25）	0.031（15）
化学原料及化学制品业	川、内蒙古、陕、桂	0.61（26）	0.34（26）	0.017（18）
农副食品加工业	川、桂、内蒙古、陕	0.71（20）	0.45（20）	0.010（22）
皮革、毛皮、羽毛（绒）及其制品业	川、渝、桂、贵	0.88（6）	0.64（7）	0.049（10）
石油加工、炼焦及核燃料加工业	陕、新、川、桂	0.64（25）	0.41（24）	0.169（5）
食品制造业	川、内蒙古、陕、桂	0.74（15）	0.44（21）	0.016（19）
有色金属冶炼及压延加工业	内蒙古、甘、陕、桂	0.54（27）	0.24（27）	0.093（8）
造纸及纸制品业	川、桂、渝、陕	0.78（13）	0.53（13）	0.017（17）

注：集中度、空间基尼系数按总产值，EG 指数按就业数计算，括号内为该行业在 27 个行业中排名

五、西部地区制造业集聚的空间来源

（一）西部地区制造业承接转移情况

随着西部大开发政策的推进和东部地区产业结构调整升级，国家鼓励支持西部地区承接东部地区的产业转移。但相关研究显示，一段时期内，向西部地区的产业转移并不明显，大规模的产业转移并未发生。[①] 克鲁格曼阐述了产业集聚中的循环因果关系，即集聚所特有的路径依赖性，由于存在报酬递增和运输成本，生产者倾向于在具有较大市场的地方集中生产，产业集聚和劳动力流动形成循环累积因果关系。据此，需要国家从战略高度重新定位中西部地区的工业部门结构取向，调整吸引外资政策，进一步充分启动国内消费市场，加大

① 范剑勇：《市场一体化、地区专业化与产业集聚趋势——兼谈对地区差距的影响》，《中国社会科学》，2004 年第 6 期，第 39～51 页；陈秀山、徐瑛：《中国制造业空间结构变动及其对区域分工的影响》，《经济研究》，2008 年第 10 期，第 104～116 页；赵伟、张萃：《市场一体化与中国制造业区域集聚变化趋势研究》，《数量经济技术经济研究》，2009 年第 2 期，第 18～32 页。

对就业者的培训。① 西部地区一段时期内未能承接东部产业转移的原因在于：一是东部地区制造业转移的临界点尚未到来；二是西部地区自身的区域能力结构吸引力不足、基础设施不足导致运输成本（贸易成本）高。李娅等运用空间经济学的中心—外围理论及中间产品模型，用数值模拟的方法证明了产业转移还需要较多地依赖外生力量的作用。② 而经济系统发展到一定阶段，产业集聚的稳定性会随着产业转移而发生动态演化。③ 在空间集聚的扩散阶段还没有到来时，可以通过政府干预手段提前主导经济活动的空间转移，平衡地区差距的努力可能会阻碍经济的发展。④

国家通过相关政策对西部地区承接产业转移进行指导。2006 年国务院西部开发办等部委和金融机构出台《关于促进西部地区特色优势产业发展意见》（国西办经〔2006〕15 号）推进东中西部互动，促进东中部地区资源密集型、劳动密集型和一些技术密集型产业向西部地区转移，实现优势互补、互惠互利、共同发展。能源及化学工业、重要矿产开发及加工业、特色农牧业及加工业、重大装备制造业及高技术产业等相关制造业为西部地区特色优势产业的发展重点。2010 年 9 月 6 日，《国务院关于中西部地区承接产业转移的指导意见》正式印发，支持西部地区积极承接国内外产业转移，促进区域协调发展，优化全国产业分工格局，深入实施西部大开发战略。该意见还指出应坚持市场导向，减少行政干预。坚持节能环保，严格产业准入。2012 年工信部发布《产业转移指导目录（2012 年本）》，2018 年修订形成《产业发展与转移指导目录（2018 年本）》列出了各地区优先承接发展的产业和引导优化调整的产业目录。

但是，关于西部地区承接东部产业转移的研究存在着分歧。制造业的空间转移是我国的产业转移主要门类。有研究表明，东部地区制造业的转移主要向周边省份和中部地区转移，实际转移到西部的不多。随着国家一系列措施的制定，有了国家政策的引导和支持及西部地区的基础设施建设和投资环境的明显改善，使得吸引产业转移的软硬件环境更具吸引力。近年来，我国的整体经济布局正在由过去各种经济要素和工业活动在东部地区高度集聚的趋势，逐步转

① 蒋昭乙：《空间经济学视角下我国东部产业向西部转移动力分析——基于 2000—2009 年中国省域面板数据分析》，《世界经济与政治论坛》，2011 年第 6 期，第 148～160 页。

② 李娅、伏润民：《为什么东部产业不向西部转移：基于空间经济理论的解释》，《世界经济》，2010 年第 8 期，第 59～71 页。

③ 孙华平、黄祖辉：《区际产业转移与产业集聚的稳定性》，《技术经济》，2008 年第 7 期，第 74～76 页。

④ 刘修岩：《空间效率与区域平衡：对中国省级层面集聚效应的检验》，《世界经济》，2014 年第 1 期，第 55～80 页。

变为由东部沿海地区向中西部和东北地区扩散转移的趋势。承接产业转移的地区多种多样，但主要集中在中西部主要城市群和非城市群的广域城市。未来的新战略支点主要在中西部。向西部产业转移既有单个企业的转移，也有集群式整体转移，资源密集型和劳动密集型制造业是向西部地区产业转移的主体，这可以减少劳动力的跨区域流动。[①]

（二）西部地区制造业吸引外资情况

改革开放以来，外商直接投资促进了我国制造业的发展，并在东部地区形成制造业集聚。外商直接投资和制造业集聚水平有直接关联，不论是这些地区的行业集中吸引了外商直接投资，还是外商直接投资造成了这些地区行业的集中，一些地区发生了一些资本或技术密集型的行业快速集聚，使这些行业的空间基尼系数值（数据取自 1995、1997 和 2001 年）明显变大。[②] 对制造业 1994 年和 2004 年的相关研究也发现，制造业对外商直接投资需求弹性在增大，制造业对外商直接投资的依赖性在增强。但东西部地区制造业集聚程度的显著性极不平衡，集聚类型也有较大差异。中西部尤其是西部大部分地区，还是原发型低端集聚，而东部则是外商直接投资依赖型高端集聚。两极分化的地区制造业集聚，扩大了地区发展的差距，对地区经济增长方式也产生不同影响。[③]

在中国实施西部大开发战略时外商直接投资并没有出现预计的西进现象，原因何在？西部地区与东部地区产业级差、产业结构和产业配套能力之间的差距都是西部地区吸引外商直接投资困境的重要原因。[④] 表 4－8 与图 4－8 显示了西部地区实际利用外资情况并与全国其他地区相比较的数据。

表 4－8　东部、东北、中部、西部实际利用外资额（百万美元）（2000—2016 年主要年份）

年份	2000	2008	2010	2011	2013	2016
全国	40333.03	148085.00	176937.10	212262.20	257395.30	243313.90
东部	32842.13	100875.55	108407.79	121872.86	143493.36	141618.12

① 孙久文：《重塑中国经济地理的方向与途径研究》，《南京社会科学》，2016 年第 6 期，第 18～24 页。

② 梁琦：《中国工业的区位基尼系数——兼论外商直接投资对制造业集聚的影响》，《统计研究》，2003 年第 9 期，第 21～25 页。

③ 马静、赵果庆：《中国地区制造业集聚与 FDI 依赖——度量、显著性检验与分析》，《南开经济研究》，2009 年第 4 期，第 90～108 页。

④ 杨先明、袁帆：《为什么 FDI 没有西进——从产业层面分析》，《经济学家》，2009 年第 3 期，第 52～61 页。

续表

年份	2000	2008	2010	2011	2013	2016
东北	2682.37	15668.98	24692.03	28996.68	35472.76	11091.84
中部	2956.47	19399.00	26310.77	35647.89	50095.23	67514.19
西部	1852.06	12141.51	17526.54	25744.78	28333.92	23089.73

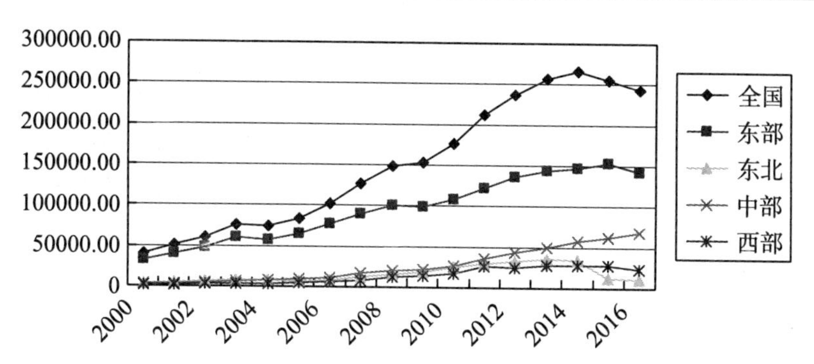

图 4-8　东部、东北、中部、西部实际利用外资额（百万美元）（2000—2016）

结合表 4-8 和图 4-8 来看，西部地区与全国其他区域一样，实际利用外资额自 2000 年不断大幅增长，但西部地区与东北地区一样增长幅度不及东部和中部地区。在 2014 年左右，除中部地区外，各区域利用外资额都有所下降。西部地区在 2010 年以后利用外资额大幅增长。

从西部地区内部来看，四川、陕西、内蒙古、重庆实际利用外资排在前 4 位，其中四川省实际利用外资额在 2010 年后逐渐与其他省（区、市）拉开差距，见图 4-9。

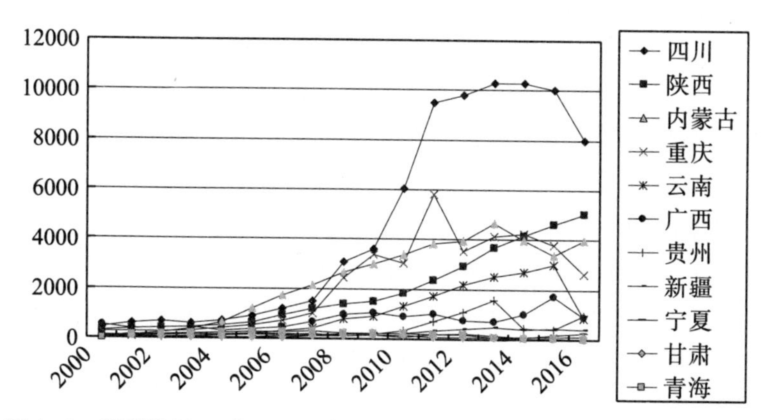

图 4-9　西部地区 11 省（区、市）利用外资额（百万美元）（2000—2016）

就我国吸收外商直接投资的领域来看，主要集中在制造业领域，这有利于促进制造业集聚。西部地区吸引外商直接投资的多少与西部地区制造业集聚程度具有相关性。

第二节　西部地区工业污染排放强度分析

自西部大开发以来，西部地区环境污染排放虽然有所减少，但形势依然严峻。与全国和其他区域相比，西部地区工业污染排放强度也远高于全国平均水平和其他区域水平。制造业是主要工业部门，减少污染排放也是西部制造业发展的重要任务。

一、西部地区工业污染主要来源

制造业在中国经济发展中占有重要地位，是国民经济发展的物质技术基础。制造业是实体经济的主体，是技术创新的主战场，先进制造业能够带动与之相匹配的现代服务业和现代农业。制造业在发展国民经济、保障人民生活水平和提高就业方面具有重大作用。因此，中国仍然需要大力发展制造业。但是，制造业污染问题在中国依然严峻。中国制造业发展面临资源短缺和环境污染的问题。制造业提供给人们衣食住行等生活品，如造纸及纸制品业，农副食品加工业，纺织业，食品制造业，皮革、毛皮、羽毛（绒）及其制品业，与人们生活息息相关，但也污染人们居住的环境。制造业生产中的能源消费也带来污染物。2007 年世界银行和中国国家环境保护总局联合发布的报告指出，进入 21 世纪，虽然中国能源效率比改革开放之初提高很多，但是中国能源消费总量增长，尤其是煤炭消费增长，使中国成为世界最大的二氧化硫排放国。[①] 从 20 世纪末以来，公众对环境问题越来越关注，空气和水污染成为大多数国家的主要环境问题。针对中国环境污染问题，国务院 2016 年 11 月 24 日发布的《“十三五”生态环境保护规划》（国发〔2016〕65 号）对污染物排放制定了减排指标，到 2020 年主要污染物排放总量的约束性指标中，化学需氧量减少 10%，二氧化硫减少 15%，预期性指标中区域性污染物排放总量减少

---

① World Bank，State Environmental Protection Administration，P. R. China：Cost of pollution in China：economic estimates of physical Damages，Washington，DC：World Bank，February 2007.

10%。可以看出，制造业以及工业发展中的环境污染问题在中国依然严重。

制造业污染排放占整个工业污染排放的绝大部分。从统计数据来看，2015年，制造业工业废水排放量占全部工业污染排放的82.60%，制造业工业废气排放占全部工业废气排放的68.40%，制造业一般工业固体废物倾倒丢弃量占全部工业固体废物倾倒丢弃量53.30%（见表4—9）。

表4—9　全国工业"三废"排放量中制造业"三废"排放占比（2015）

种类	占比
制造业工业废水排放量	82.60%
其中：制造业工业化学需氧量（COD）排放量	90.70%
制造业工业废气排放量	68.40%
其中：制造业工业二氧化硫排放量	62.20%
制造业工业烟粉尘排放量	76.70%
一般工业固体废物倾倒丢弃量	53.30%

数据来源：《中国环境统计年鉴（2015）》

随着西部地区经济发展的加速，西部地区的环境问题也越来越突出。根据2005年各省（区、市）不同污染排放水平行业的总产值占工业总产值以及占GDP的比重，高污染行业比重较高的地区主要集中在西部的内蒙古、甘肃、宁夏、青海、西藏、云南、贵州等7个省（区），陕西、新疆、四川和广西属于高污染行业比重居中的地区，而重庆高污染行业比重相对较少。其中，西藏这期间也有一些高污染行业且在工业中比重很高，尽管西藏工业总产值占GDP比重很低，但高污染行业也威胁到了当地脆弱的生态环境。[①] 西部地区的主要污染物排放强度高于其他地区。随着较高比重的高污染行业扩大生产规模，工业污染物的产生量和排放量也会大幅度增加。西部地区产业结构高度倾斜于重工业，尤其高能耗、高污染的能源和原材料工业在西部很多省（区、市）大规模发展，这些行业产生和排放二氧化硫和化学需氧量的水平也远远高于全国及其他地区[②]，而二氧化硫和化学需氧量是造成空气和水体污染的两种最主要污染物。

① 中国环境与发展国际合作委员会：《中国环境与发展：世纪挑战与战略抉择》，中国环境科学出版社，2007年，第58页。

② 阎兆万：《产业与环境：基于可持续发展的产业环保化研究》，经济科学出版社，2007年，第32页。

西部地区在承接产业转移时，污染产业可能转移至西部地区。在中国不同区域由于工业发展程度不同，污染状况也不同，在同一区域各省级地区工业污染差异也不相同。中国各省（区、市）的环境污染问题存在较大差异，区域间呈现“东—中—西”空间梯度格局，东部工业废水污染治理方面压力较大，中西部工业废气与固体废物排放量的治理压力较大，环境污染治理投资和技术进步的污染治理效应没有得到有效开发。① 从全国来看，1997—2007 年东部地区一直是水、大气污染密集型产业的主要分布地区。其中电力行业、农副食品加工业自 2001 年以来呈现出向中西部转移的趋势，造纸及纸制品业、非金属矿物制品业自 2006 年开始向中部转移，而化学原料及化学品制造业、黑色金属冶炼及压延加工业尚未表现出明显向中西部转移的趋势。②

西部地区面临着经济发展与污染治理的双重任务。生态环境问题制约着中西部地区的经济和社会发展，也影响到全国经济和社会的可持续发展。③ 从西部大开发以来，西部地区与全国一样，在经济迅速增长的同时，不断加强环境污染治理，污染排放强度逐年下降，但总体排放强度依然高于全国平均值和其他区域。

总体来看，制造业污染排放是工业污染排放的主体，占工业污染量的绝大部分。从污染物方面来看，主要为大气污染物（其中主要是二氧化硫和烟粉尘）和水体污染物（其中主要是化学需氧量）。

二、西部地区工业污染发展趋势特征

（一）工业废气排放趋势特征

随着工业的发展，我国工业废气的排放量也随之增加，而环境对于废气的承载量有限，废气带来的二次污染问题也成为工业发展面临的又一严峻考验。而西部地区制造业的发展规模扩大也带来了工业废气排放的增加。《中国环境统计年鉴》中统计的工业大气排放数据包括：工业废气排放总量、工业二氧化

① 马骥：《空间经济学视角下的中国区域经济新常态》，《西南民族大学学报（人文社会科学版）》，2016 年第 7 期，第 109～114 页。

② 刘巧玲、王奇、李鹏：《我国污染密集型产业及其区域分布变化趋势》，《生态经济》，2012 年第 1 期，第 107～112 页。

③ 孙久文、李恒森：《我国区域经济演进轨迹及其总体趋势》，《改革》，2017 年第 7 期，第 18～29 页。

碳排放量、工业氨氮排放量（本书未研究）、工业烟粉尘排放量。

1. 西部地区工业废气总体排放趋势

随着中国西部大开发的推进，西部地区工业发展引起的大气污染越来越受到各方关注。中国的能源结构单一，以煤能源为主，煤炭的直接燃烧导致中国的大气污染以煤烟型为主。西北地区生态环境脆弱，且全年盛行西北风和西南风，大气污染更为突出。西北地区工业能源消费对大气环境污染影响最大。[①] 西部地区工业废气的产生和排放自西部大开发以来持续增加，见图4－10。

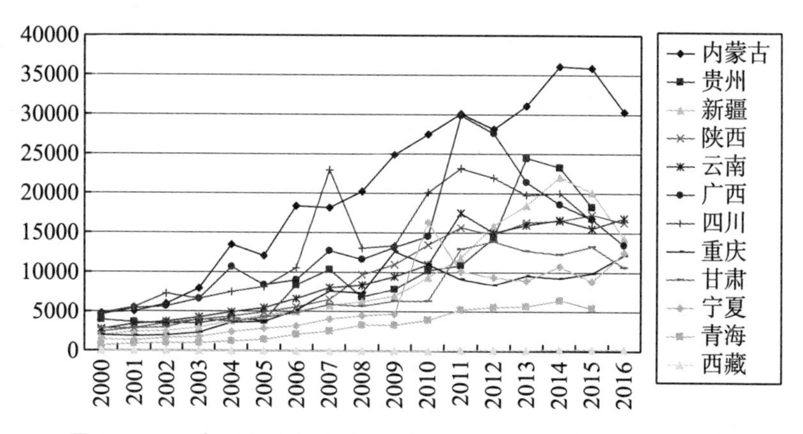

图 4－10　西部工业废气排放（2000—2016）（**单位：亿标立方米**）

从图 4－10 可以看出，西部大开发以来，工业废气排放大幅增加，一段时间以来呈现上升趋势。其中，内蒙古工业废气污染尤为严重，这与内蒙古煤炭和有色金属等资源型产业发展有关。排在前面的还有广西、四川、新疆、贵州，这些省（区）也是经济发展较快的地区。随着近年来绿色发展理念不断强调和相关措施的实施，2013 年前后这几个省（区）工业废气污染物排放都有大幅下降。

2. 工业二氧化硫排放

工业二氧化硫排放量是指企业在燃料燃烧和生产工艺过程中排入大气的二氧化硫总量。二氧化硫是一种重要的大气污染物，已被列为我国污染物排放总量控制指标之一。二氧化硫的产生主要来自煤炭等化石燃料的燃烧，因此其排

① 高彩艳、连素琴、牛书文等：《中国西部三城市工业能源消费与大气污染现状》，《兰州大学学报（自然科学版）》，2014 年第 2 期，第 240～244 页。

放源主要是工业企业中的各种燃烧设施，属于有组织排放。① 作为大气主要污染物之一，二氧化硫是最常见、最简单、有刺激性的硫氧化物，对人体健康、生态系统和建筑设施都有直接和潜在的危害。国务院“十三五”生态环境保护规划对污染物二氧化硫排放制定了减排指标，要求到 2020 年减少 15%。

西部地区工业二氧化硫排放强度远高于全国平均值以及其他地区，因此，减少工业二氧化硫排放也是制造业节能减排的主要任务。西部大开发以来，西部各省（区、市）工业二氧化硫排放都经历了一个先升高再降低的过程，见图 4-11。

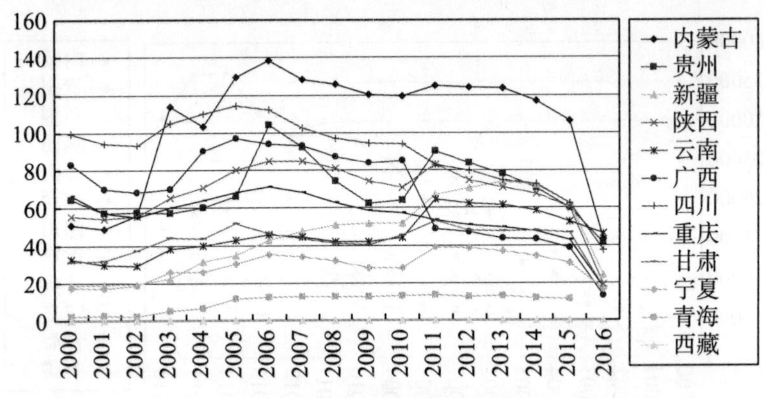

图 4-11 西部工业二氧化硫排放（2000—2016）（**单位：万吨**）

从图 4-11 可以看出，工业二氧化硫排放较多的省（区、市）都是工业发展比较快的地区。各省（区、市）2010 年后都有显著下降，尤其在 2015 年后巨幅下降。由于二氧化硫排放是重点控制污染物，各省（区、市）都很重视二氧化硫的减排。西北地区主要城市西安市、乌鲁木齐市、西宁市 3 个西部城市的工业能源消费结构单一，以煤炭消费为主，工业能源利用效率低，但逐年有所提高，大气污染属于煤烟型污染，二氧化硫污染有逐年减轻的趋势。②

3. 工业烟粉尘排放

《中国环境统计年鉴》在 2011 年以前将工业烟尘和工业粉尘分开统计，2011 年开始合并为工业烟粉尘进行统计。本研究将 2000 年以来工业烟尘和工业粉尘的排放量合并为工业烟粉尘计算，见图 4-12。

① 程梦婷、李凌波：《工业污染源二氧化硫排放监测技术进展》，《当代化工》，2017 年第 10 期，第 2116～2118 页。

② 高彩艳、连素琴、牛书文等：《中国西部三城市工业能源消费与大气污染现状》，《兰州大学学报（自然科学版）》，2014 年第 2 期，第 240～244 页。

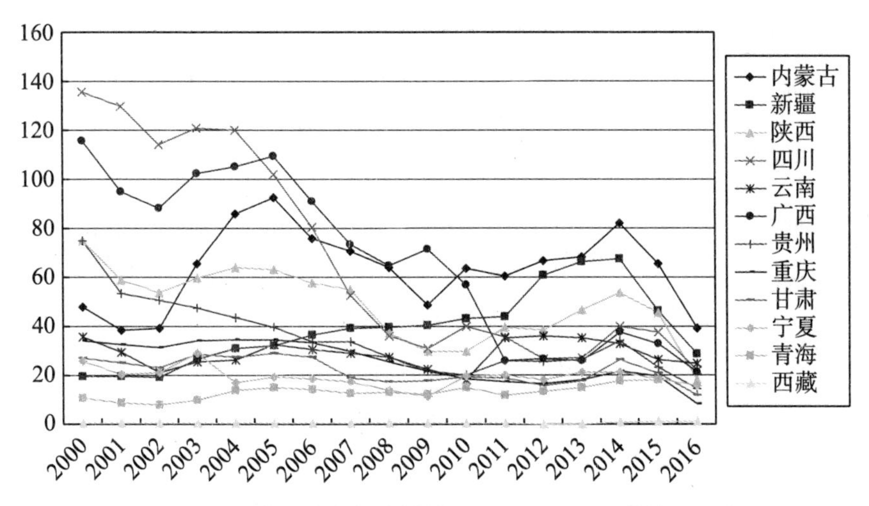

图 4－12　**西部工业烟粉尘排放**（2000—2016）（**单位：万吨**）

从图 4－12 可以看出，西部地区工业烟粉尘的排放在西部大开发以来总体呈逐年下降趋势，但在 2014 年有所升高，近年来又大幅下降。内蒙古工业烟粉尘的排放经历了两度升高后下降，四川曾经在西部地区烟粉尘排放量最大，2004 年开始急剧下降。

（二）工业废水排放趋势特征

1. 工业废水排放总体状况及趋势

我国是一个水资源短缺的国家，水资源问题已经成为制约经济社会发展的瓶颈。废水的主要来源是工业废水、生活污水以及农业废水。西部地区是我国主要大江大河的发源地，同时西部也有大面积干旱缺水地区，保护水源的任务非常紧迫。

西部大开发以来，西部地区各省（区、市）工业废水排放总量除个别省（区、市）变化较大外，多数省（区、市）比较平稳。图 4－13 描述了西部地区各省（区、市）废水排放总量变化趋势。

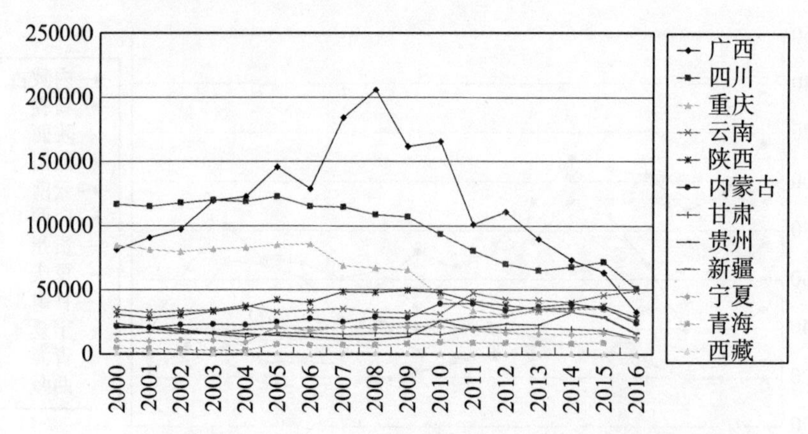

图 4－13　西部地区废水排放总量变化（2000—2016）（单位：万吨）

从图 4－13 各地区工业废水排放总量上看，广西变动幅度最大，在 2008 年上升到最高点，然后开始逐年大幅下降；云南上升幅度较为明显；内蒙古、新疆、贵州、宁夏从 2010 年左右开始上升，2016 年开始下降；四川、重庆呈现一直下降趋势；青海、西藏总体排放量较低，西藏排放量一直下降。

2. 工业化学需氧量排放

在工业污水排放中，工业化学需氧量排放是其中一个重要监测部分。化学需氧量（Chemical Oxygen Demand，COD）排放量是工业废水中 COD 排放量与生活污水中 COD 排放量之和，表示废水中有机物的含量，反映水体有机物污染程度。化学需氧量高意味着水中含有大量还原性物质，表示水的有机物污染越严重。工业化学需氧量排放的重点行业为造纸和纸制品业、农副食品加工业、化学原料及化学制品制造业、纺织业、医药制造业。

西部地区各省（区、市）工业 COD 排放，自西部大开发以来，除广西、四川和云南外，排放比较平稳。图 4－14 显示了西部地区工业 COD 排放趋势。

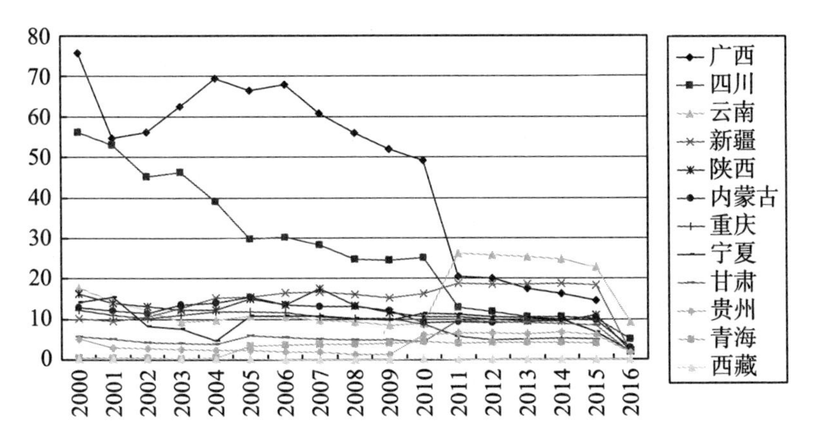

图 4－14　西部地区废水中工业 COD 排放总量变化（2000—2016）（**单位：万吨**）

从图 4－14 可以看出，广西、四川工业 COD 排放长期远超过其他省（区、市），但在 2010 年后开始大幅下降。2016 年起西部各省（区、市）工业 COD 排放都有大幅下降。

（三）工业固体废物排放趋势特征

工业固体废物是指在工业生产活动中产生的固体废物。工业固体废物的处置方式共有四种，分别为综合利用、贮藏、处置和倾倒丢弃。随着工业技术发展以及环保要求提高，在四种处理方式中，倾倒丢弃占比越来越少。但是如果工业固体废物处理方式由综合利用转变为贮藏，将会导致一般工业固体废物累积越来越多，这样会对未来工业固体废物的处置带来问题。

西部地区由于资源型产业密集，工业固体废物产生量一直较大。就全国主要城市 2017 年工业固体废物产生量来看，一般工业固体废物产生量排名前十的城市共计产生 3.6 亿吨，占全部信息发布城市产生总量的 27.5%。排名前三的分别为内蒙古自治区鄂尔多斯市、四川省攀枝花市和内蒙古自治区包头市，产生量分别为 7471.9 万吨、5340.1 和 4169.6 万吨。其中，内蒙古在前十席位中占三席，陕西占据两席（见表 4－10）。一般工业固体废物产生量较多也反映了工业规模较大，这与我国近年来西部地区工业发展迅猛有关，与西部地区矿产资源开发生产有关。

表 4−10　2017 年一般工业固废产生量排名前十的城市

排名	城市名称	产生量（万吨）
1	内蒙古自治区鄂尔多斯市	7471.9
2	四川省攀枝花市	5340.1
3	内蒙古自治区包头市	4169.6
4	内蒙古自治区呼伦贝尔市	3550.4
5	云南省昆明市	3021.6
6	陕西省渭南市	2743.1
7	江苏省苏州市	2656.2
8	陕西省榆林市	2459.4
9	山西省太原市	2440.7
10	广西壮族自治区百色市	2403.9
合计		36256.9

资料来源：刘建勋：《2018 年中国固废处理行业市场现状与发展趋势》，前瞻产业研究院，https://www.qianzhan.com/analyst/detail/220/190429−ed7edcab.html，2019−04−30.

自西部大开发以来，西部地区工业固体废物的排放量越来越少，图 4−15 显示了西部地区工业固体废物排放的趋势。

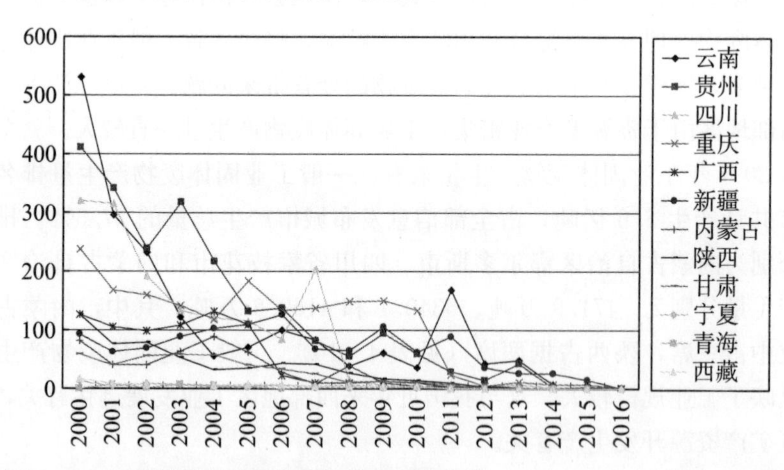

图 4−15　西部地区工业固体废物排放总量变化（2000—2016）（单位：万吨）

在西部大开发初期，西南地区云南、贵州、四川、重庆工业固体废物排放量居前，之后大幅减少。2016 年，甘肃、宁夏、青海、陕西、西藏排放量为零，其他省（区、市）有少量排放。

三、西部地区工业污染排放强度以及能耗强度的全国比较

通过计算自西部大开发以来全国各大区域工业污染物排放强度并进行比较，可以看出西部地区工业发展进程中污染排放情况。这里将污染排放强度定义为污染排放量与工业总产值的比值。比较区域为西部地区与全国及中部地区、东部地区、东北地区。[①] 污染物排放强度包括工业废气、工业废水、工业固体废物、工业二氧化硫、工业烟粉尘、工业 COD，以及能耗强度。数据来自 2001—2016 年的《中国环境统计年鉴》《中国工业经济统计年鉴》《中国能源统计年鉴》《中国统计年鉴》。

（一）西部地区工业废气排放强度的全国比较

1. 西部地区工业废气总体排放强度的全国比较

西部地区工业废气排放强度高于全国平均水平，也高于中部、东部和东北地区。2000 年，西部地区工业废气排放强度是全国的 2.01 倍，是东部地区的 3.01 倍，是中部地区的 1.32 倍，东北地区的 1.62 倍；2015 年，除对中部地区工业废气排放强度比例有所上升外，对其他地区都有所下降，是全国的 1.75 倍多，是东部地区的 2.36 倍多，是中部地区的 1.63 倍，是东北地区的 1.31 倍。详见表 4—11。

表 4—11　西部地区工业废气总体排放强度的全国比较（亿标立方米/亿元）

年份	全国	西部	东部	中部	东北
2000	1.6125	3.2483	1.0806	2.4570	2.0071
2001	1.6853	3.2484	1.1763	2.5957	2.0517
2002	1.5821	3.2441	1.0625	2.5567	1.9489
2003	1.3981	2.9706	0.9066	2.4144	1.8386
2004	1.1892	2.8048	0.7654	1.9636	1.4234
2005	1.0690	2.1824	0.7066	1.7029	1.6098
2006	1.0455	2.2777	0.6864	1.5084	1.5820

① 中部地区包括山西、安徽、江西、河南、湖北、湖南共 6 个省，东部地区包括北京、天津、河北、上海、江苏、浙江、福建、山东、广东和海南共 10 个省（市），东北地区包括辽宁、吉林、黑龙江 3 个省。

续表

年份	全国	西部	东部	中部	东北
2007	0.9580	2.2341	0.6286	1.3040	1.1969
2008	0.7959	1.5690	0.5108	1.0834	1.3277
2009	0.7953	1.6261	0.5444	1.0427	0.9303
2010	0.7432	1.5796	0.5049	0.9452	0.7698
2011	0.7991	1.4990	0.5580	1.0497	0.7508
2012	0.6857	1.3386	0.4768	0.8511	0.6458
2013	0.6462	1.2307	0.4641	0.7826	0.5624
2014	0.6232	1.1856	0.4506	0.6993	0.6441
2015	0.6076	1.0660	0.4515	0.6557	0.8125

2. 西部地区工业二氧化硫排放强度的全国比较

西部地区工业二氧化硫排放强度一直高于全国和其他地区水平。2000 年，西部地区工业二氧化硫排放强度是全国的 2.86 倍，是东部地区的 4.80 倍，是中部地区的 1.85 倍，是东北地区的 3.92 倍；2015 年，西部地区工业二氧化硫排放强度是全国的 2.49 倍，是东部地区的 4.82 倍，是中部地区的 2.20 倍，是东北地区的 1.61 倍。西部地区工业二氧化硫排放强度与全国平均水平对比下降幅度不大，与东部和中部地区对比还有所上升。变化趋势见图 4－16。

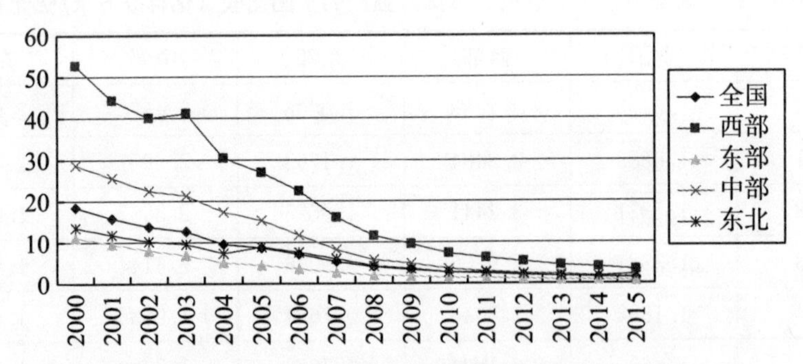

图 4－16　西部地区工业二氧化硫排放强度的全国比较（千万吨/亿元）

3. 西部地区工业烟粉尘排放强度的全国比较

西部地区工业烟粉尘排放强度也高于全国和其他地区。2000 年，西部地区工业烟粉尘排放强度是全国的 2.73 倍，是东部地区的 5.96 倍，是中部地区的 1.30 倍，是东北地区的 2.72 倍。2015 年，西部地区工业烟粉尘排放强度相比全国和东部地区都有较大幅度下降，是全国的 1.95 倍，是东部地区的 3.68 倍多；相比中部地区有所上升，是中部地区的 1.47 倍；低于东北地区，是东北地区的 0.96 倍。变化趋势见图 4－17。

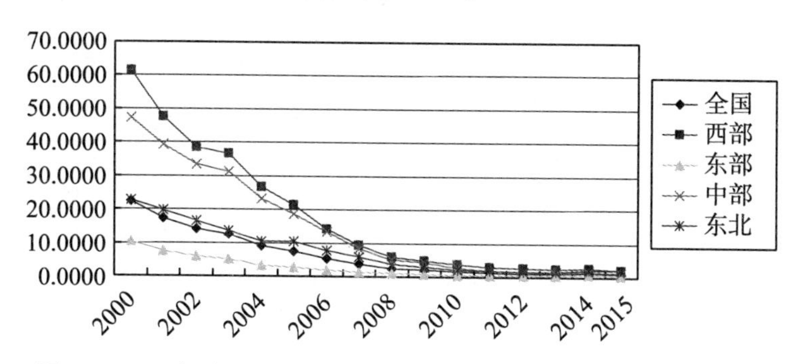

图 4－17　西部地区工业烟粉尘排放强度的全国比较（千万吨/亿元）

（二）西部地区工业废水排放强度的全国比较

1. 西部地区工业废水总体排放强度的全国比较

2000 年，西部地区工业废水排放强度是全国的 2 倍多，是东部地区的 3 倍多，是中部地区的 1.17 倍，是东北地区的 1.92 倍；2015 年，西部地区工业废水排放强度除对中部地区这一比例有所上升外，对其他地区都有下降，是全国的 1.33 倍，是东部地区的 1.58 倍，是中部地区的 1.18 倍，与东北地区大体相当（为 1.01 倍）。详见表 4－12。

表 4－12　西部地区工业废水总体排放强度的全国比较（万吨/亿元）

年份	全国	西部	东部	中部	东北
2000	22.6721	45.5540	14.9671	38.8382	23.7268
2001	21.2261	41.1629	15.0791	34.3355	21.1550
2002	18.7033	36.9243	13.2441	31.0314	18.3063
2003	14.9190	32.0017	10.2085	25.8755	14.6199
2004	11.0639	22.9582	7.7578	18.9022	10.8875
2005	9.6619	19.6827	7.0968	14.4753	9.9071
2006	7.5869	14.4935	5.6812	11.4751	7.3415
2007	6.0874	11.8575	4.5940	8.4642	5.6107
2008	4.7621	9.2894	3.6640	6.1446	3.9298

续表

年份	全国	西部	东部	中部	东北
2009	4.2765	7.5730	3.3748	5.7040	3.2301
2010	3.3993	5.5709	2.7685	4.4235	2.5334
2011	2.7353	3.7424	2.3635	3.2392	2.5127
2012	2.3908	3.2467	2.0419	2.8333	2.3338
2013	2.0259	2.6968	1.7388	2.4199	1.9029
2014	1.8435	2.4696	1.5704	2.1020	2.0080
2015	1.7690	2.3459	1.4818	1.9932	2.3227

2. 西部地区工业COD排放强度的全国比较

2000年，西部地区工业COD排放强度远高于全国和其他地区，是全国的3.81倍多，是东部地区的8.65倍多，是中部地区的2.85倍，是东北地区的4.04倍。2015年，西部地区工业COD排放强度除对中部地区这一比例有所上升外，对其他地区都有下降，是全国的3.19倍，是东部地区的6.62倍多，是东北地区的3.71倍，是中部地区的2.88倍。变化趋势见图4－18。

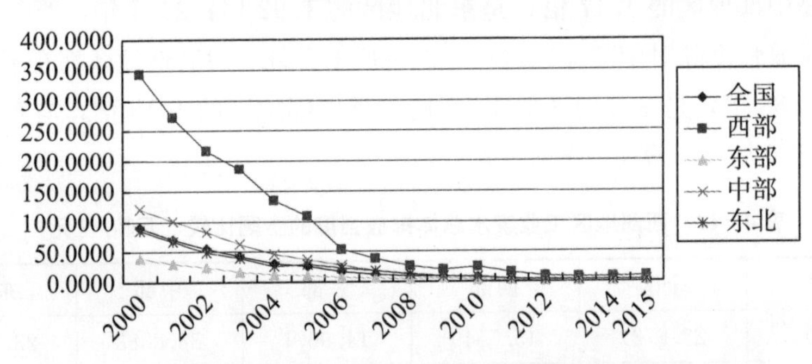

图4－18 西部地区工业COD排放强度的全国比较（万吨/亿元）

（三）西部地区工业固体废物排放强度的全国比较

西部大开发之初期，西部地区工业固体废物排放量远远大于全国和其他地区，近年来降幅很大。2000年，西部地区工业固体废物排放强度是全国的5.52倍，是东部地区的56.62倍，是中部地区的2.86倍，是东北地区的16.23倍。这是由于西部地区采掘和冶炼等行业比重较大，中部地区也大体相同。近年来，随着环保法规的制定和环保意识的加强，且固体废物不像其他污染物可以更隐蔽排放，很多省（区、市）将固体废物储存，因此近年来很多省

（区、市）未有固体废物排放的统计数。2015 年，西部地区工业固体废物排放强度仍然远高于全国水平，是全国的 4.81 倍多，是东北地区的 1.64 倍。但是从 2013—2015 年，中部地区江西固体废物排放略有增加（分别为 1.84 万、3.15 万、3.96 万吨），湖南、湖北也有固体废物的排放（湖南分别为 0.8 万、0.6 万、0.46 万吨，湖北分别为 0.59 万、0.5 万、0.58 万吨），因此，在 2013—2015 年，西部地区固体废物排放远小于中部地区，分别为 0.05、0.01、0.01 倍；另外，东部地区广东 2015 年固体废物排放 1.05 万吨，因此，西部地区 2015 年固体废物排放强度是东部地区的 0.14 倍。变化趋势见图 4—19。

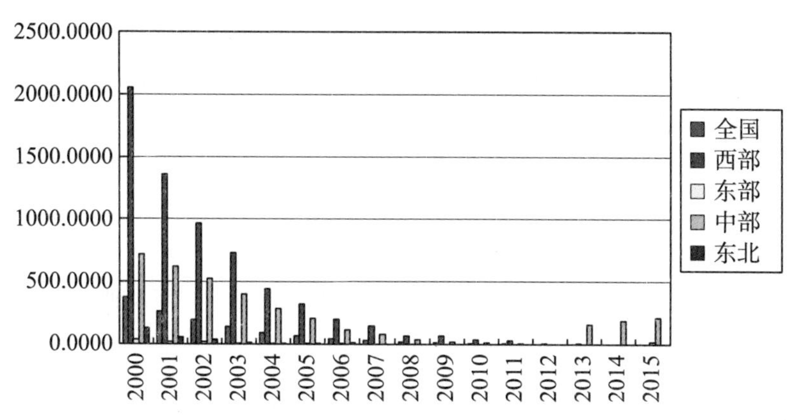

图 4—19　西部地区工业固体废物排放强度的全国比较（亿吨/亿元）

（四）西部地区能耗强度的全国比较

西部地区能耗强度高于全国和其他地区水平。2000 年，西部地区能耗强度是全国的 2.10 倍多，是东部地区的 3.42 倍，是中部地区的 1.34 倍，是东北地区的 1.46 倍。2015 年，西部地区能耗强度除对中部地区有所上升外，对其他地区都有下降，是全国的 1.85 倍，是东部地区的 2.55 倍，是中部地区的 1.84 倍，是东北地区的 1.19 倍。变化趋势见图 4—20。

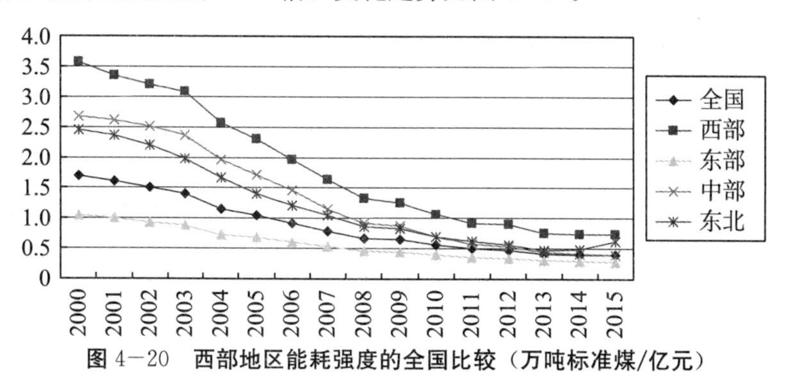

图 4—20　西部地区能耗强度的全国比较（万吨标准煤/亿元）

第三节 本章小结

本章对西部地区自西部大开发以来制造业集聚程度和工业污染排放强度进行了分析。

首先对西部地区制造业集聚的行业分布和地理分布的动态演变进行分析。西部地区从 2000 年以来，制造业总产值、企业数和就业人员都不断增加，西部地区制造业整体上仍处于迅速发展阶段。本章分别利用总产值和就业数计算了西部地区制造业 2000—2016 年的产业集中度（CR_4）、空间基尼系数、区位商指数和 EG 指数。空间格局研究方面，从区域和行业层面测度了西部地区制造业的聚集及扩散态势。从整体上看，西部地区制造业集聚程度不断提高，但在 2011 年后集聚程度趋于放缓。从行业层面来看，多数行业在考察期内集聚程度都在增加，少数行业趋于分散，有个别行业突出集中在个别省区，这与西部地区产业历史发展和结构调整有关。从区域层面来看，西部地区制造业趋于集中在少数几个省（区、市），如西南地区的四川、重庆和广西，西北地区的陕西、内蒙古等。西部地区重污染行业也有较高程度的集聚。

西部地区制造业集聚的发展与我国经济发展和区域产业结构调整有关。西部地区承接了东部发达地区的产业转移，制造业产业布局不断趋于多样化，水平不断提升。同时，西部地区吸收的外商直接投资也不断增加，推动了西部地区制造业发展和技术水平的提高。制造业产业转移和吸收外商直接投资构成了西部地区制造业集聚的空间来源。

本章还对西部地区工业污染强度进行分析，以了解西部工业污染的特征。自西部大开发以来，从整体上看，西部地区环境污染强度高于全国和其他地区，能耗强度也高于全国和其他地区。其中工业废气的排放量持续增加，近年来已有所下降。工业二氧化硫和工业烟粉尘排放总量在稳步下降。工业废水排放量在不断减少，尤其是制造业密集的省区如广西、四川等有大幅下降。一般工业固体废物的倾倒量自西部大开发以来持续下降，甘肃、宁夏和青海等省（区）近年未有报告工业固体废物的排放量。

制造业集聚发展在西部地区经济高质量发展中具有重要地位，环境保护和节能减排也是西部地区制造业高质量发展中面临的主要任务。

第五章　西部地区制造业集聚对环境污染影响的计量分析

本书第三章分析了产业聚集对环境污染影响的机制，第四章分别对西部地区制造业产业集聚程度和工业污染排放强度进行了分析。西部地区产业集聚对环境污染有何影响，通过何种机制影响，本章将在前述基础上进行计量分析。本章将利用区域及产业层面的相关统计数据并借助计量分析工具对西部地区制造业集聚对环境污染的效应进行检验。

第一节　计量模型设定

如前所述，关于产业集聚与环境污染关系的研究借鉴了经济、贸易与环境关系的研究成果。格罗斯曼和克鲁格分析了贸易和环境的关系，认为贸易壁垒的减少一般会通过扩大经济活动的规模、改变经济活动的构成和改变生产技术而影响环境。[①] 安特韦勒、科普兰和泰勒发展了一个理论模型解释贸易对环境影响的规模效应、技术效应和结构效应，然后使用全球环境监测系统中 44 个发达和发展中国家 109 个城市 1971—1996 年二氧化硫浓度的数据检验了贸易对环境影响的这三种效应。[②] 对中国产业集聚与环境污染的关系研究大多借鉴了格罗斯曼和克鲁格关于贸易与环境的研究思路以及安特韦勒、科普兰和泰勒关于贸易与环境的研究模型。本研究借鉴了这些研究成果，以考察西部地区制造业集聚对环境污染的影响。

---

① Gene M. Grossman，Alan B. Krueger：Environmental impacts of a North American free trade agreement，NBER working paper No. 3914，November 1991.

② Werner Antweiler，Brian R. Copeland，M. Scott Taylor：Is free trade good for the environment?，American economic review，2001，91 (4)：877—908.

根据第三章提出的西部地区制造业集聚对环境污染影响机制的分析框架和理论假设，本章的计量分析主要从西部地区制造业集聚的规模效应、结构效应和技术效应方面并结合制造业集聚阶段考察其对环境污染的影响，同时综合考虑外商直接投资、环境规制和能源消耗的影响。考虑到西部地区制造业集聚与环境污染的实际，本研究在计量分析西部地区制造业集聚对环境污染影响时采用面板数据模型。面板数据模型可以分为固定效应模型（Fixed effect model）和随机效应模型（Random effect model），两种模型的差异主要反映在对“个体效应”的处理上。面板数据个体固定效应模型控制了个体异质性，排除由研究个体的差异造成的影响。为了检验产业集聚与环境污染是否因集聚程度的不同而呈非线性关系，本研究在线性模型的基础上，引入产业集聚的平方项和立方项。具体模型设定如下：

$$EP_{it} = \alpha_i + \beta_0 + \beta_1 AGG_{it} + \beta_2 AGG_{it}^2 + \beta_3 AGG_{it}{}^3 + \beta_4 X_{it} + \varepsilon_{it} \quad (5.1)$$

其中，EP 为环境污染变量，采用污染物排放强度作为因变量；AGG 表示产业集聚变量，X 为一组其他控制变量。给定 i，若 α_i 为确定值，则为固定效应模型，否则为随机效应模型。

在上述计量模型中，若 $\beta_1>0$，$\beta_2<0$，且 $\beta_3=0$，则制造业集聚程度与环境污染程度曲线将呈倒“U”形趋势；

若 $\beta_1<0$，$\beta_2>0$，且 $\beta_3=0$，则制造业集聚程度与环境污染程度曲线将呈“U”形趋势；

若 $\beta_1<0$，$\beta_2=0$，且 $\beta_3=0$，则制造业集聚程度与环境污染程度之间呈负相关的线性关系，环境污染程度将随着制造业集聚程度提高而直线下降；

若 $\beta_1>0$，$\beta_2=0$，且 $\beta_3=0$，则制造业集聚程度与环境污染程度之间呈正相关的线性关系，环境污染程度将随着制造业集聚程度提高而直线上升；

若 $\beta_1>0$，$\beta_2<0$，且 $\beta_3>0$，则制造业集聚程度与环境污染程度曲线将呈“N”形趋势；

若 $\beta_1<0$，$\beta_2>0$，且 $\beta_3<0$，则制造业集聚程度与环境污染程度之间将呈现倒“N”形曲线关系。

第二节　变量说明、数据来源及处理

一、变量说明

环境污染产生的原因是多方面的，有经济因素，也有政治因素、社会因素；有国内因素，也有国际因素。同时，环境污染也是一定历史发展阶段的产物。产业集聚是经济发展的必然现象，并通过多种途径影响环境污染。根据前面的理论分析，本研究的控制变量选择应尽量减少遗漏所造成的估计偏差。这些控制变量包括经济发展水平、产业集聚规模效应、产业集聚结构效应、产业集聚技术效应、环境规制、外资进入程度、能源消耗强度。以下对变量选择进行详细解释说明。

（一）环境污染（EP）

工业污染是指工业生产过程中所形成的废气、废水和固体废物对环境的污染，即通常所说的“三废”排放：工业废水排放、工业废气排放、工业固体废物排放。在实证研究中，通常选取单一污染物或者采用多种污染物构建的综合指数对污染状况进行衡量。考虑数据获取和处理需要简便，很多文献选择了某一污染排放指标衡量污染排放水平，其中选取最多的是工业废气中的工业二氧化硫排放，是因为许多工业过程中会产生二氧化硫，而工业二氧化硫是主要大气污染物之一，对大气环境有显著的负面影响；其次对多个污染物（二氧化硫、粉尘、污水等）分别进行估计。单一污染物排放量有些采用绝对量，有些采用相对量（污染强度）。也有一些文献认为环境污染包括多种污染物，单一指标无法全面衡量污染程度，因此需对多种污染物排放加权构建工业污染指数，通常采用熵值赋权法等方法构造。但熵值法未能考虑行业规模差异，在污染物选取上，如果工业污染指数同时包括工业废气排放量以及工业二氧化硫和工业烟粉尘排放量，会造成重复计算。另外，在污染物的选取上，虽然有研究选取二氧化碳，但工业烟粉尘、工业废水、工业二氧化硫相比二氧化碳等全球性气体能更好地反映本地的污染现状。①

本章在污染物的选取上同时考虑了工业“三废”（工业废气、工业废水、工业固体废物），也额外考虑了工业二氧化硫这一主要污染物，以排放强度表示，对每种污染物强度分别进行估计。这样既考虑了污染的多样性，也考虑到不同污染物对制造业集聚可能存在的反应差异。实证分析中将污染排放强度定义为单位工业产值的污染排放总量，包括工业废水排放强度、工业废气排放强度、工业二氧化硫排放强度、工业固体废物排放强度。

（二）制造业集聚度（AGG）

第四章计算了制造业集聚水平，本章在计量模型中采用就业数据计算的区位商（LQ）指标进行衡量。同时加入制造业集聚水平的平方项（LQ^2）和立方项（LQ^3），以估计制造业集聚对环境污染影响的非线性关系是倒“U”形还是“N”形。

（三）其他控制变量选择

(1) 经济发展水平（PGDP）。本研究采用区域人均 GDP 与全国人均 GDP 的比值来衡量经济发展水平。EKC 假说认为，经济增长与环境污染呈倒“U”形曲线，工业污染物排放强度与经济发展程度密切相关。经济发展水平较低时，对经济增长的迫切要求导致工业发展中的污染排放量不断增加，排放强度不断增高。而随着经济发展到一定程度，人均收入增长到较高程度，对环境质量的要求更高，各种环境规制要求更为严格，因此环境污染治理投资更多，环境质量将逐渐得到改善。② 为了验证经济增长对环境污染的影响，在实证研究中，有研究用 GDP 总量衡量经济发展规模，以验证 EKC 假说。但是对于经济发展水平多采用人均 GDP 来衡量以消除人口规模对地区经济总量的影响。③本研究为了更好地反映区域经济发展程度，采用区域人均 GDP 与全国人均 GDP 的比值来衡量经济发展水平。

由于经济发展对空气环境产生两种效应，经济增长会带来全社会能源消费

---

① C. Ordás Criado，S. Valente，T. Stengos：Growth and pollution convergence：theory and evidence，Journal of environmental economics & management，2011，62 (2)：199－214.

② 张可、汪东芳：《经济集聚与环境污染的交互影响及空间溢出》，《中国工业经济》，2014 年第 6 期，第 70～82 页。

③ 周明生、王帅：《产业集聚是导致区域环境污染的“凶手”吗？——来自京津冀地区的证据》，《经济体制改革》，2018 年第 5 期，第 185～190 页。

量的增加，能源消耗时产生的污染物总量随之不断攀升，导致环境质量恶化；但当人均 GDP 增长到一定阶段，城市居民的环保意识增强，对环境质量要求提升，环境质量逐渐改善。[①] 因此在研究中不对该变量系数符号作预期判断。[②]

（2）规模效应（SCAE）。制造业集聚能带来规模效应，规模效应对环境污染具有直接影响。对于规模效应的衡量，有直接采用工业总产值表示经济规模的，有采用企业平均规模（行业总产值与该行业中企业单位数之比）来度量的，也有用规模以上工业企业固定资产净值加以度量的，或者用地区规模以上工业企业数与全国均值之比的。比较各种衡量方法，本研究采用西部地区制造业各行业总产值与全国制造业各行业总产值之比，以期更好反映制造业相对规模大小。

（3）结构效应（STRE）。产业结构的变化会对工业污染物的排放产生影响，这里以工业总产值与地区生产总值的比值来衡量西部地区的产业结构水平。目前中国处在产业结构调整和转型升级关键阶段，产能过剩、产业结构矛盾突出，传统制造业转型升级的问题急需解决。产业结构决定了污染物的类型和污染程度。通常，第二产业中各类工业所占的比重越大，污染越严重；也有的用第三产业产值占其国内生产总值的比重衡量产业结构变动的环境效应；还有的采用制造业就业人口占总就业人口的比重来反映产业结构。西部地区现阶段正处在工业化不断发展和提升时期，比较各种衡量产业结构的指标，本研究用地区工业总产值占地区国内生产总值的比重来衡量。

（4）技术效应（TECE）。利用各地 R&D 研发经费支出占 GDP 的比重来衡量。在产业集聚对环境污染的影响中，技术效应起着重要的作用，技术水平的高低决定环境污染治理能力的高低。有相关研究证明产业集聚与环境污染呈非线性的倒“U”形关系，而技术创新在决定“拐点”的位置上发挥了关键作用。[③] 技术水平的提高，可以提高劳动生产率，企业也会采用更为环保的技术进行生产，这样有助于减少污染排放，以及节能减排。但是，有研究指出，技术进步也有可能仅仅提高了生产效率和扩大了生产规模，而并未使生产过程更

---

① Gene M. Grossman，Alan B. Krueger：Environmental impact of a North American free trade agreement，NBER working paper No. 3914，November 1991.

② 姜磊、周海峰、柏玲：《基于空间计量模型的中国城市化发展与城市空气质量关系》，《热带地理》，2019 年第 3 期，第 461～471 页。

③ 原毅军、谢荣辉：《产业集聚、技术创新与环境污染的内在联系》，《科学学研究》，2015 年第 9 期，第 1340～1347 页。

加环保，技术进步会加重环境污染。①

采用科技支出和科技水平来衡量技术效应的较多。利用科技支出衡量的研究，在具体指标的选取上也有不同，有的采用各地规模以上工业企业 R&D 经费支出总额进行衡量；有的采用科技事业费占一般财政支出比重；有的采用年度科技投入占 GDP 比重；有的利用政府公共财政支出中科技支出所占比重等。对于科技水平，有的从专利申请受理数或授权量来测度；有的采用地区国内专利申请受理数衡量科技创新能力，理由是专利申请受理量直接反映了企业免受外界干预的技术创新水平，且专利申请与授权之间存在时间滞后②；有的采用授权量；有的用总受理量或者万人专利授权量（件/万人）来间接测度技术创新水平。③ 此外，还有的用行业全要素生产率（TFP）来表示技术创新；有的利用各地区资本存量与当地城乡从业人员的比值衡量技术进步水平，理由是资本劳动比率越高，则当地产业模式越趋向于资本密集型，产品的技术含量将随之增加，对环境的污染程度将下降。④

由于研发投入在科技发展中具有重要作用，在比较各种衡量技术效应的指标后，本研究利用各地 R&D 经费支出占 GDP 的比重来衡量。

（5）环境规制（EREG）。环境规制强度直接影响污染物的排放。环境规制标准越高，企业面临来自外部的污染物减排压力越大，在一定程度上能抑制污染排放。在经济增长初期，由于追求经济增长的目标，忽视环境治理，缺乏有效环境治理的技术，这一时期环境规制较为宽松，经济发展的同时环境污染程度较重。相关研究也认为环境规制会抑制企业的排污行为，但过高的环境规制会影响企业的选址，从而影响产业集聚。⑤ 有效的环境规制能够促进企业节能减排技术提升、产业结构升级、绿色发展。在实证研究中，衡量环境规制的方式很多，大多采用环境污染治理投资相关指标。有的直接采用各地治理工业

---

① 宋马林、王舒鸿：《环境规制、技术进步与经济增长》，《经济研究》，2013 年第 3 期，第 122～134 页。

② 原毅军、谢荣辉：《产业集聚、技术创新与环境污染的内在联系》，《科学学研究》，2015 年第 9 期，第 1340～1347 页。

③ 张可、豆建民：《集聚与环境污染——基于中国 287 个地级市的经验分析》，《金融研究》，2015 年第 12 期，第 32～45 页。

④ 李勇刚、张鹏：《产业集聚加剧了中国的环境污染吗——来自中国省级层面的经验证据》，《华中科技大学学报（社会科学版）》，2013 年第 5 期，第 97～106 页。

⑤ 包群、邵敏、杨大利：《环境管制抑制了污染排放吗?》，《经济研究》，2013 年第 12 期，第 42～54 页。

污染投资总额考察环境规制因素对环境污染的影响[①]，有的采用历年工业环境污染治理完成投资额的人均值来衡量地方政府对环境的重视程度[②]。考虑到环境规制与经济发展的关联，很多研究采用环境管制强度，有的采用各地区污染治理支付成本占地区工业总产值的比重来衡量[③]，有的用工业污染治理完成投资与地区生产总值之比来表征[④]。综合各种衡量方法，考虑到环境污染治理与经济发展程度的关联，本研究采用以环境污染治理投资与地区生产总值的比值表达环境规制强度。

（6）外资进入程度（FDII）。外商直接投资是影响环境污染的重要因素。相关研究认为，相对于内资企业，外资企业多来自发达国家，在发展过程中形成相对高的环保理念和环保技术，引进外资企业会改善环境。另外，随着外资企业进入的增多，会带动更多的外资和内资企业在该区域集聚，有利于形成更高的产业集聚度。在产业集聚区，外资企业所产生的技术溢出能够提高能源利用效率，从而降低污染物排放强度。[⑤] 但是，若引进污染型的产业，则可能会加重环境污染。[⑥] 因此，外商直接投资对环境质量的改善是否达到正向作用尚存争议。实证研究中，有的采用各地历年实际利用外商直接投资额对这一指标进行衡量，有的用行业中外商资本与港澳台资本之和占该行业实收资本总额的比例来度量，有的用人民币表示的进出口贸易总额与 GDP 之比衡量，还有的用外资企业生产总值占行业生产总值比重来衡量。通过比较，本研究采用外商直接投资占地区 GDP 比重来衡量外资进入程度，并根据各年度汇率中间价将外商直接投资额调整为人民币后计算。

（7）能源消耗（ENEI）。随着经济发展，能源消费日益增加。在我国工业化发展进程中，高能耗高排放也是一个重要特征。能源消耗也是环境污染的重

---

① 杨仁发：《产业集聚能否改善中国环境污染》，《中国人口·资源与环境》，2015 年第 2 期，第 23～29 页。

② 李勇刚、张鹏：《产业集聚加剧了中国的环境污染吗——来自中国省级层面的经验证据》，《华中科技大学学报（社会科学版）》，2013 年第 5 期，第 97～106 页。

③ 侯伟丽、方浪、刘硕：《“污染避难所”在中国是否存在？——环境管制与污染密集型产业区际转移的实证研究》，《经济评论》，2013 年第 4 期，第 65～72 页。

④ 蔡海亚、徐盈之、孙文远：《中国雾霾污染强度的地区差异与收敛性研究——基于省际面板数据的实证检验》，《山西财经大学学报》，2017 第 3 期，第 1～14 页；王素凤、Pascale Champagne、潘和平等：《工业集聚、城镇化与环境污染——基于非线性门槛效应的实证研究》，《科技管理研究》，2017 年第 11 期，第 217～223 页。

⑤ 许和连、邓玉萍：《外商直接投资导致了中国的环境污染吗？——基于中国省际面板数据的空间计量研究》，《管理世界》，2012 年第 2 期，第 30～43 页。

⑥ 张可：《经济集聚的减排效应：基于空间经济学视角的解释》，《产业经济研究》，2018 年第 3 期，第 64～76 页。

要来源。能源消耗总量按万吨标准煤折算。在实证分析中，有的直接以能源消费总量进行计量分析，也有的以单位 GDP 所消费的能源总量来衡量。由于能源消耗主要是在工业领域，本研究采用单位总产值消耗能源总量（万吨标准煤）来衡量。

实证研究中自变量与因变量名称、含义及计算方法见表 5−1。

表 5−1 实证研究中自变量与因变量名称、含义及计算方法

变量类型	变量名	变量含义	变量计算
因变量	WGI	工业废气排放强度	工业废气除以工业总产值（2000 年价格水平）
	ISO_2	工业二氧化硫污染排放强度	二氧化硫排放量除以工业总产值（2000 年价格水平）
	WWI	工业废水排放强度	工业废水排放量除以工业总产值（2000 年价格水平）
	SWI	工业固体废物排放强度	工业固体废物排放量除以工业总产值（2000 年价格水平）
产业集聚变量	$LQ/LQ^2/LQ^3$	产业集聚度	区位商指数
控制变量	（1）PGDP	经济发展水平	区域人均 GDP 与全国人均 GDP 的比值
	（2）SCAE	规模效应	制造业各行业与全国行业总产值之比
	（3）STRE	结构效应	地区工业总产值与地区生产总值的比值
	（4）TECE	技术效应	各地 R&D 经费支出占 GDP 的比重
	（5）EREG	环境规制	环境污染治理投资占地区 GDP 的比重
	（6）FDII	外资进入程度	外商直接投资占地区 GDP 比重
	（7）ENEI	能源消耗	单位总产值能源消费总量（万吨标准煤）（2000 年价格水平）

二、数据来源及处理

（一）数据来源

本研究采用 2000—2016 年西部地区 11 个省（区、市）的面板数据。制造业样本数据选取的是2000—2016年制造业27个二位数分行业的数据，用来测算行业的产业集聚度的数据来源于2001—2017年的《中国工业统计年鉴》。制造业产值为规模以上工业企业产值。《中国工业经济统计年鉴》（2013年起更名为《中国工业统计年鉴》）解释规模以上工业企业是依据主营业务收入。随着我国经济发展和企业规模的扩大，对规模以上企业的划分进行了调整。规模以上企业在2011年之前是指年主营业务收入在500万元及以上的法人工业企业，2011年开始是指年主营业务收入在2000万元及以上的法人工业企业。制造业行业选择参见第四章。

环境污染物数据和环境污染治理投资数据来自《中国环境统计年鉴》，研发（R&D）经费支出数据来自《中国科技统计年鉴》，产值数据来自《中国统计年鉴》、《中国工业统计年鉴》、各省（区、市）统计年鉴，外商直接投资数据来自各省（区、市）统计年鉴，能源消耗数据来自《中国能源统计年鉴》。统计年鉴均为2001—2017年版。

由于西藏自治区很多制造业行业并未发展，且许多数据不完整，因此在计量分析中未包括西藏自治区。

（二）对数据的处理

工业烟粉尘排放量在《中国环境统计年鉴》中2000—2010年是分为工业烟尘排放量和工业粉尘排放量进行统计的，而2011—2016年在《中国环境统计年鉴》中统计指标合并为工业烟粉尘排放量。《中国环境统计年鉴》对“工业烟粉尘排放量”指标的解释为：报告期内企业在燃料燃烧和生产工艺过程中排入大气的烟尘及工业粉尘的总质量之和。因此，本研究将工业烟尘排放量与工业粉尘排放量统一为工业烟粉尘排放量。

对于相关年鉴中缺失的数据将通过国研网数据库进行查找补齐。对于不能补齐的个别年份个别行业的数据将在计算时进行插补。

（三）变量的描述性统计分析

描述性统计分析可以把握数据和研究对象的基本特征，进而更好地了解统计分析结果。通过描述性统计可以发现数据中的异常、检查数据缺失情况、检查数据是否符合实际以及检查数据是否符合分析的要求。通常描述性统计主要报告数据样本量、均值、标准差、最小值和最大值。最大值、最小值可用来检验数据是否存在异常情况。描述性统计结果一般看均值和标准差。标准差较小的数值分布一定是比较集中在均值附近的，反之则是比较分散的。标准差越小，均值对各变量值的代表性越好。如果标准差远大于均值，那表明数据可能存在极端异常值，这时可能要对数据做进一步的处理。从表 5-2 中可以看到本章实证研究样本数为 187，观察最大值和最小值没有发现数据异常情况。除个别变量外，标准差都小于 1，多数变量标准差都很小。均值与标准差基本一致，直观变量稳定。

表 5-2 主要变量的统计特征描述

变量	样本数	均值	标准差	最小值	最大值
WGI	187	3.056000	1.625000	0.430000	13.110000
ISO_2	187	0.024300	0.020300	0.000786	0.102000
WWI	187	16.970000	18.330000	1.169000	90.830000
SWI	187	0.039700	0.084600	0.000000	0.650000
PGDP	187	0.726000	0.245000	0.332000	1.597000
SCAE	187	0.010100	0.007560	0.001050	0.035600
STRE	187	0.365000	0.054100	0.244000	0.495000
TECE	187	0.008700	0.005730	0.002010	0.029800
EREG	187	1.527000	0.827000	0.520000	4.240000
FDII	187	0.010800	0.008640	0.000000	0.040100
ENEI	187	2.496000	1.278000	0.413000	6.847000
LQ	187	0.484000	0.171000	0.207000	0.935000
LQ^2	187	0.263000	0.177000	0.043000	0.874000
LQ^3	187	0.157000	0.154000	0.008910	0.818000

第三节 回归结果及其分析

为了研究需要，计量模型中引入的变量较多，这样可能会存在多重共线性问题，从而影响估计结果的有效性。在对模型进行回归之前对变量做了相关性分析，解释变量之间的相关系数基本较小（小于 0.5），因此可以认为方程的共线性问题比较弱，能够直接进行回归。

为了保证回归的有效性，需要对变量进行单位根检验，以确定变量是否平稳。由于面板数据具有其自身的复杂性，单纯的一种检验方式可能会造成结果的不准确性，故本研究采用了 LLC、IPS 和 Hadri LM 单位根检验方法，通过对变量进行单位根检验，各变量均为平稳序列，满足面板回归的要求，可进行下一步分析。

为保证回归结果的一致性，采用 Hausman 检验来选择固定效应模型或随机效应模型。Hausman 检验 p 值小于 0.05，说明在 0.05 的置信水平下拒绝随机效应模型的原假设，则选择使用固定效应模型；若 p 值大于 0.05，说明在 0.05 的置信水平下不能拒绝随机效应模型的原假设，则选择使用随机效应模型。回归结果表中，“FE：否”表示模型为随机效应模型，“FE：是”表示为固定效应模型。

根据前面构建的计量模型和检验结果选择相应的面板回归方法，各变量的面板数据回归结果与预期基本一致。估计结果见表 5−3。

表 5−3　制造业集聚度对 4 种污染物排放强度影响的回归结果

变量	污染物排放强度			
	WGI	ISO_2	WWI	SWI
LQ	3.650 (0.26)	0.247** (2.22)	218.700* (1.68)	2.910*** (4.11)
LQ^2	−12.590 (−0.50)	−0.491** (−2.42)	−459.000* (−1.94)	−4.818*** (−3.73)
LQ^3	9.421 (0.64)	0.334*** (2.81)	304.800** (2.19)	2.499*** (3.30)
PGDP	−1.6330* (−1067)	−0.0229*** (−2.91)	27.0000*** (2.93)	0.1430*** (2.85)
SCAE	−91.430** (−1.99)	−1.287*** (−3.47)	−2.269*** (−5.23)	2.807 (1.19)
STRE	1.8440 (0.95)	0.0237 (1.51)	−63.3300*** (−3.46)	−0.1420 (−1.42)
TECE	−21.550 (−0.45)	−1.116*** (−2.90)	−2.705*** (−6.02)	0.921 (0.38)
EREG	−0.10800 (−0.76)	0.00142 (1.24)	1.0830 (0.81)	0.00510 (0.70)
FDII	−0.9170 (−0.08)	0.0191 (0.20)	−30.9700 (−0.28)	−1.3630** (−2.27)
ENEI	0.3630** (2.44)	0.0117*** (9.73)	7.3690*** (5.26)	0.0635*** (8.32)

续表

变量	污染物排放强度			
	WGI	ISO_2	WWI	SWI
Constant	4.0150* (1.93)	−0.0189 (−1.13)	14.3000 (0.73)	−0.7330*** (−6.85)
FE	是	是	是	是
Observations	187	187	187	187
Number of id	11	11	11	11
R−squared	0.346	0.846	0.712	0.654

注：(1)*** 表示该变量在1%显著性水平下显著，** 表示该变量在5%显著性水平下显著，* 表示该变量在10%显著性水平下显著；

(2) 括号里的数字为 t 值。

依据计量模型估计结果，对西部地区制造业集聚与环境污染关系作出以下分析。

(1) 西部地区制造业集聚与环境污染呈非线性关系得到验证。估计结果表明，制造业产业集聚的区位商指数对工业废气排放强度、工业二氧化硫排放强度、工业废水排放强度、工业固体废物排放强度的回归系数符号符合预期，制造业集聚与环境污染呈现“N”形关系。虽然制造业集聚度对工业废气污染排放强度影响系数不显著，但对其中主要成分工业二氧化硫排放强度影响系数显著，因此不影响得出相关结论。由此，“假设1：西部地区制造业集聚与环境污染呈非线性关系，取决于其正负外部性共同作用的结果”得到验证，并得出“N”形曲线的结果。这说明，当制造业集聚水平较低时，制造业集聚对污染排放产生放大作用。这是由于制造业集聚首先是产业规模的扩大，而产业规模扩大，意味着污染物排放相应增加；当制造业集聚水平处于成熟稳定期后，制造业集聚超过临界点，集聚正外部性逐渐显现，制造业集聚对污染排放产生抑制作用；随着制造业集聚程度继续提高形成过度集聚，拥挤效应进一步显现，可能又会导致大规模的污染。“N”形曲线关系可以看作倒“U”形曲线关系的延伸。制造业集聚程度超过一定值，形成过度集聚，这意味着随着制造业过度集聚带来的拥挤效应加大，负外部性大于正外部性，污染程度会加大。

(2) 西部地区制造业集聚对环境污染的规模效应的验证。模型中，对于工业废气排放强度，制造业规模的影响系数在5%的显著性水平下为负；对于工业二氧化硫和工业废水排放强度，制造业规模的影响系数在1%的显著性水平下为负；对于工业固体废物排放强度，制造业规模的影响系数为正但不显著，说明制造业集聚达到一定规模或者规模以上企业集聚更有利于降低污染排放。制造业规模大，可能拥有更雄厚的经济实力，能够采用先进的技术设备，以及具有更高端的专业人才，这样有助于减少污染排放。“假说 2：西部地区制造业集聚规模到一定程度，有利于改善环境污染状况，减少单位产值的污染排放”得到验证。

（3）制造业集聚对环境污染的结构效应的验证。对于工业废气排放强度和工业二氧化硫排放强度，产业结构变量系数为正，但不显著；对工业废水排放强度和工业固体废物排放强度，产业结构变量系数为负，其中对于工业废水排放强度，产业结构变量系数为负，且在 1%显著性水平下显著，说明产业结构优化有助于减少工业废水排放强度。“假说 3：西部地区产业结构与工业污染排放呈正向关系”未能得到验证。

（4）制造业集聚对环境污染的技术效应的验证。估计结果显示，对于工业废气排放、工业二氧化硫排放、工业废水排放，制造业集聚的技术效应显现，且对工业二氧化硫排放、工业废水排放在 1%显著性水平下显著。对于工业固体废物排放强度影响不显著。“假说 4：西部地区制造业集聚过程中的技术进步有助于降低污染排放”得到验证。这说明西部地区制造业产业集聚的技术溢出效应通过竞争、提高劳动生产率和学习等途径减少污染排放。

（5）环境规制、FDI 等外部因素在制造业集聚对环境污染影响中的作用的验证。模型估计结果显示，环境规制、FDI 对不同污染物的系数符号不相同，且大多不显著（只有在工业固体废物排放强度中，FDI 具有正向作用且在 5%显著性水平下显著），可以理解为，环境规制、FDI 对于影响方向可能存在两种情况，正负效应都可能存在，“假说 5：西部地区制造业集聚过程中，环境规制、FDI 等外部因素，有助于降低污染排放”未能得到验证。

环境规制对工业废气排放强度回归系数为负，对其他工业污染排放强度回归系数均为正，但都不显著。显示的可能性为，在西部地区制造业处在不断集聚的过程中，环境规制的作用可能尚未发挥，或者不起主要作用。FDI 对工业废气、工业废水、工业固体废物排放强度回归系数为负，对工业二氧化硫排放强度的回归系数为正，但不显著，说明 FDI 在一定程度上可能有助于减低西部地区一些工业污染排放强度，但也可能增加某些工业污染物排放强度，这个估计显示“污染天堂”以及“污染光环”效应可能同时存在。

（6）对于其他控制变量，模型估计结果显示，能源消耗强度对各种污染物排放强度均有显著影响且系数符号为正，说明现阶段，随着制造业集聚，西部地区能源消耗增加，污染排放强度加大；相对人均 GDP 表示的经济发展水平对环境污染的影响显著，但对不同污染物排放强度存在不同方向，对于工业废气和工业二氧化硫排放强度具有减少污染排放强度的作用，对于工业废水和固体废物排放强度具有加大污染排放强度的作用。

第四节　本章小结

本章通过构建面板数据固定效应模型和随机效应模型，利用西部地区 2000—2016 年 11 个省（区、市）（未包括西藏自治区）的面板数据，验证了制造业集聚对环境污染的影响，主要研究结论可以概括为以下三个方面。

（1）西部地区制造业集聚与环境污染为非线性关系，呈现为“N”形。

在制造业集聚程度处于较低水平时，制造业发展形成的集聚加剧了环境污染。随着制造业集聚的不断加强和制造业规模的扩大，制造业集聚水平经过一个拐点后，制造业集聚将会有助于改善环境质量。但是，随着制造业集聚程度继续加大，制造业过度集聚又会产生拥挤效应，进而又加剧环境污染。

（2）在西部地区，对于不同的污染物排放，制造业集聚三种效应的影响不同。

本章计量模型因变量为工业废气、工业二氧化硫、工业废水和工业固体废物排放强度，除工业“三废”总量外，还包括工业废气中的工业二氧化硫排放强度，这是因为工业二氧化硫是典型的污染排放物，是国家污染防治重点监控对象，多数相关研究均以工业二氧化硫排放作为环境污染的代表。本章计量模型估计结果显示，制造业集聚的规范效应、结构效应、技术效应等对不同污染排放物的影响方向不同。对于各种污染物，影响方向完全一致的是能源消耗强度，能源消耗强度增加能显著加剧环境污染。制造业的行业结构和规模决定了污染物排放类型和程度，因此，需要调整优化制造业行业结构分布，使得相关制造业行业合理配置，以发挥制造业集聚带来的积极效应。

（3）外部因素对西部地区制造业污染排放影响不显著。

环境规制、FDI 等外部因素在模型估计结果中大多不显著，对此要结合具体情况具体分析。环境规制能否发挥作用，取决于政府对于产业发展与环境保护的平衡。在长期的经济发展中，政府与能带动地方经济的大型企业形成互惠互利的关系，这一情况符合“部门利益论”的解释。[①] 与公共利益论相对应，部门利益论揭示了行业影响规制决策的机制。此外，对小企业的污染行为监管行政成本高，使得一些地区政府产生“惰性”，这种情况下环境规制也无法发挥作用。

西部地区FDI对几种污染排放物的影响不显著，影响方向也不一致，因此对于FDI是否能在一定程度上加剧或改善西部地区的环境污染存在着两种可能，FDI的“污染天堂”效应或者“污染光环”效应在西部地区可能同时存在。

① 杨帆、周沂、贺灿飞：《产业组织、产业集聚与中国制造业产业污染》，《北京大学学报（自然科学版）》，2016年第3期，第563～573页。

第六章 西部地区制造业集聚与环境保护协调发展的路径

前面章节对西部地区制造业发展对环境污染的影响进行了理论和实证分析。根据西部地区制造业集聚特征和环境污染特征，以及计量分析中发现的问题，本章对西部地区制造业集聚与环境保护协调发展的路径提出思考。西部大开发战略实施20年来，西部地区经济总量增长近12倍。[①] 国家在2001—2010年间实施了首轮西部大开发战略，出台了包括税收优惠政策在内的一系列西部大开发政策，帮助西部地区进行基础设施建设，为西部地区发展打下基础。2010年7月国家在西部大开发工作会议后印发了《中共中央 国务院关于深入实施西部大开发战略的若干意见》。为了推动新一轮西部大开发，2020年5月17日中共中央、国务院发布的《关于新时代推进西部大开发形成新格局的指导意见》提出西部地区要形成大保护、大开放、高质量发展的新格局，推动经济发展质量变革、效率变革、动力变革，促进西部地区经济发展与人口、资源、环境相协调，实现更高质量、更有效率、更加公平、更可持续发展。[②] 在高质量发展要求下，要实现西部地区制造业集聚与环境保护协调发展，需要市场、政府和社会三个方面协同进行，处理好制造业集聚发展中传统制造业与现代制造业的关系、政府与市场的关系、内部发展与外部投资的关系。

---

① 李果：《西部大开发20年经济总量增长近12倍，新一轮重磅支持政策即将落地》，https://m.21jingji.com/article/20190509/a3f0d18207e45b73cce7b30a226ca907.html,2019－07－25.

② 中共中央、国务院：《关于新时代推进西部大开发形成新格局的指导意见》，http://www.gov.cn/zhengce/2020－05/17/content_5512456.htm,2020－05－17.

第一节 促进资源节约、环境友好的制造业集聚发展

西部地区制造业集聚发展要体现资源节约和环境友好，对此，需要进行制造业结构的升级优化、产业园区优化布局和升级、发挥制造业集聚区的带动辐射作用，促进区域制造业协调发展和绿色发展。

一、西部地区制造业结构的升级优化

西部地区制造业已经具有一定程度的集聚，但在结构上对自然资源禀赋的依赖较高。合理的产业布局是降低污染、改善环境质量的重要手段。西部地区制造业尚处在不断发展的过程中，集聚程度不断提高，因此随着西部地区制造业的发展，产业规模会进一步扩大，污染物的产生和排放可能会继续增加。所以，为了推动西部地区制造业发展，发挥制造业集聚的积极效应，西部地区制造业发展需要调整结构，减少污染排放，促进高质量经济增长。

制造业结构的升级优化，会进一步提升集聚水平，形成更为合理的产业链和价值链，使得产业集聚对环境的正效应充分发挥，并有利于节约能源和减少污染排放，促进西部地区制造业集聚良性发展。西部地区制造业结构的升级优化应该从以下几个方面进行。

（一）西部地区优势产业的升级

随着西部地区基础设施的完善，国家对西部地区政策红利的释放，西部地区未来对外部生产要素的吸引力在于西部地区产业结构的升级优化。西部地区需要改变技术水平低的状况，才能吸引人才资金，进而改变长期以来为东部地区提供资源的基础产业结构。产业地理集中和集聚，使相关企业能够充分进行分工合作，形成相应产业价值链分工。西部地区一些具有本地区资源优势的行业，低成本优势非常明显，是发展劳动密集型和资源密集型产业的理想地区。但是这些优势并不意味着这些行业具有竞争优势。[①] 因此西部各省（区、市）要推动西部传统产业改造升级。西部地区资源丰富，很多传统行业是基于资源

---

① 唐昭霞：《西部民族地区特色优势产业集群发展思路与路径探索》，《中共四川省委党校学报》，2017 年第 4 期，第 40～46 页。

优势发展起来的，但是一些传统行业技术落后，迫切需要引进新技术进行改造，对此，要有相关财政金融政策支持。

制造业升级会带动西部地区整个产业结构的升级，进而带动西部地区经济增长质量提升，实现高质量发展。提升西部地区经济增长质量非常重要，在某种程度上，西部地区经济增长质量会制约西部地区国民经济和社会发展的协调性，而且西部地区经济质量的高低会影响到中国现代化进程。[①] 西部地区经过多年发展，关中、成渝、北部湾等区域已经形成了一些制造业产业基础。需要在充分认识地区现实比较优势和地区潜在竞争优势的基础上，紧密结合历史形成的区域产业结构和存量资源现状以及调整要求[②]，升级区域产业基础和产业链。国家西部大开发政策也对一些重点产业进行扶持，如电子信息、汽车等产业，这些产业也是西部地区多年以来形成的特色产业，国家政策扶持使得西部地区在西部大开发第二个十年中发展得更快。今后可通过实行负面清单与鼓励类产业目录相结合的产业政策，提高政策精准性和精细度，促进优势产业升级，发展具有先进环保技术的现代制造业。

（二）发展符合国家需要方向的高端制造业

西部地区制造业必须按照国家制造业发展的方向进行布局。在未来一段时间，新一代信息技术产业、高档数控机床和机器人、航空航天装备、海洋工程装备及高技术船舶、先进轨道交通装备、节能与新能源汽车、电力装备、农机装备、新材料、生物医药及高性能医疗器械等产业都是我国发展重点，西部地区一些行业在其中具有一定的发展基础。比如陕西在航空航天，四川在轨道交通，贵州在大数据信息行业都已经有了一定程度的发展，在全国也具有一定地位。西部地区应利用自身优势制造业基础发展符合国家需要的高端制造业。这些高端制造业技术先进，代表未来发展方向，本身也具有节能减排的技术，从而能够使西部地区制造业更具竞争力。

在积极发展高新技术产业的同时，引导制造业集聚向高新技术研发和向生产、服务等行业领域拓展，提升制造业产业基础。不论是传统产业改造或者是发展高新技术产业，都要注重产业链和价值链的配套和延伸，培育制造业产业链现代化，使制造业集聚能长期稳定发展，形成“锁定”效应。

---

① 李佼瑞、白桦、赵琎：《基于空间视角的西部地区经济增长质量研究》，《西北大学学报（哲学社会科学版）》，2015 年第 5 期，第 125～130 页。

② 罗仲伟、孟艳华：《“十四五”时期区域产业基础高级化和产业链现代化》，《区域经济评论》，2020 年第 1 期，第 32～38 页。

（三）逐步淘汰落后产能，推动清洁能源的使用

逐步淘汰落后产能和一些不能改造升级的污染密集型产业，鼓励发展清洁能源，取代产业发展中使用的化石能源，减少污染排放。对于需要使用煤炭等化石能源的行业，也要大力推广使用煤炭清洁技术，对煤炭进行洗选加工以达到脱硫、降灰、提高煤质的效果，并且使煤炭有利于燃烧，提高利用效率，从而有益于环境保护。落实节能措施，减少能源资源的浪费。[①] 例如，作为老工业基地，西北地区的关天经济区城市传统工业占比大，应采用高新技术、先进适用技术对传统工业按照节能减排的要求进行改造，提升产业基础。对于不能改造升级的高耗能、高污染产业要坚决淘汰。尤其要科学调整能源化工等产业的空间布局。通过政策引导，充分培育市场机制，引进战略新兴产业，发展新能源、新材料产业。通过制造业结构调整优化，实现产业基础高级化和产业链现代化。

西部地区有丰富的自然资源，水能充沛，还拥有光能和风能等新能源。通过淘汰落后产能和进行节能减排，减少污染物的产生和排放，改善环境质量，使得西部地区产业绿色发展，这也是产业生态化的要求。艾伦比（Allenby）认为，产业生态化是遵循自然生态运行规律和经济规律，协调系统内产业各模块，降低产业耗能，循环资源利用，实现绿色生态可持续、产业与自然协调发展的过程。[②] 现在产业生态化概念逐渐被接受，它作为产业发展的一种理念，以推动产业结构调整，解决产业发展与环境污染之间的矛盾。西部地区面临产业发展与环境污染之间的尖锐矛盾，因此，在制造业发展过程中，更需要思想观念的更新。

（四）推动技术创新

产业集聚具有技术效应，在产业集聚的过程中，不同的企业在竞争的过程中可以互相学习，有利于产业提高技术水平。新技术不仅意味着劳动生产率的提高，也会让企业实现节能减排。尤其是环保研发技术投入能有效减少污染物排放，改善环境质量。实证分析表明，产业集聚可以通过多种效应提升企业创

---

① 高彩艳、连素琴、牛书文等：《中国西部三城市工业能源消费与大气污染现状》，《兰州大学学报（自然科学版）》，2014 年第 2 期，第 240～244 页。

② B. Allenby：Industrial ecology gets down to earth，IEEE circuits and devices magazine，1994，10（1）：24－28.

新效率，但过度集聚也可能对企业创新效率造成损害。[①] 西部地区还处在提升制造业集聚水平的过程中，制造业的集聚可以推动企业创新，减少污染物排放。比如，关天经济区大气污染较为严重。大气污染的产生很大程度上是能源利用效率低、废气处理率低造成的。通过采用先进技术降低能耗、增加废气处理设施、采用燃煤脱硫技术，能够有效降低大气中的二氧化硫和粉尘等主要污染物排放。[②] 关天经济区可以注重从提高技术水平、提高能源利用效率等入手来减少大气污染排放和治理大气污染。

推动技术创新，需要企业在研发上加大投入。在我国社会主义市场经济发展过程中，企业自主创新意识不断提升，专利申请和授权数量不断增加，但是能够投入大量资金和人力物力进行研发的企业还不多，不少企业还是引进和模仿国外技术，缺乏自主创新的技术。这不利于企业对污染较重的落后技术进行改造，不利于企业节能减排。

在推动企业技术创新中，除了依靠市场机制，政府也应该给予相应政策支持。区域或国家层面的政策法规对创新集聚具有重要作用，各地要根据本地情况，制定适合本地的法规和政策，促进本地人力资本集聚，从而有利于技术创新。尤其是环保节能技术，投入大，利润低，甚至会影响企业收益，对这类技术的投资可以减免税收，或者促进企业间联合研发。

二、西部地区产业园区的优化布局及升级

产业园区是政府规划推动产业集聚的载体，其类型包括各类开发区，制造业通常为园区产业主体。为了促进西部地区的经济发展，扩大对外开放，继20世纪90年代初重庆、乌鲁木齐等西部城市建立国家级经济技术开发区后，2000年国务院批准了11个中西部地区国家级经济技术开发区。这些开发区的地区生产总值、工业总产值、税收的增幅均高于全国的增长水平，特别是新批准的11个国家级经济技术开发区分别以40%、34%和66%的幅度增长。2000年批准的中西部地区国家级经济技术开发区中西部地区占7个，分别是西安、成都、昆明、贵阳、石河子、呼和浩特、西宁经济技术开发区等。这些经济技术开发区都地处西部地区的省会或首府城市，交通方便，有明显的区位优势。

---

① 谢子远、吴丽娟：《产业集聚水平与中国工业企业创新效率——基于20个工业行业2000—2012年面板数据的实证研究》，《科研管理》，2017年第1期，第91～99页。

② 王娜、赵景波：《陕西省主要城市工业废气污染现状及防治措施》，《陕西师范大学学报（自然科学版）》，2007年第4期，第111～114页。

这些开发区建立以来，实际利用外资增长大大高于全国和所在市的增长水平，对促进我国西部大开发，带动中西部地区的经济发展起着越来越大的作用。[①]

近年来，随着“一带一路”建设、长江经济带建设的提出和实施，西部地区的经济技术开发区区位和政策优势逐渐显现，在三大区域中发展明显加快。2014 年西部地区 48 家国家级经济技术开发区的地区生产总值、第二产业增加值、财政收入和税收收入同比分别增长 12.6%、10.9%、13.9%和 23.4%，分别高于东部地区经济技术开发区 5.2%、4.9%、4.3%和 13.5%。[②] 各经济技术开发区都定位于吸引先进制造业或者高端装备制造业。西部地区产业园区的优化布局及升级能够推动制造业集聚发展和节能减排，但也需要发挥政府规划引导和市场机制作用。

（一）规模适度、合理布局，突出特色，避免污染产业集聚

开发区和产业园区的建设，目的在于形成产业集聚的规模效应。但是产业的过度集聚，也会产生拥挤效应等负外部性。污染产业过多集中在一个园区，会对污染治理带来沉重负担。因此西部地区各类开发区和产业园区的建设，要避免污染产业过多集中。

西部地区各类开发区和产业园区的建设，要注重制造业产业链和整体配套产业的建设，通过吸引外资和承接转移，建立良好的制造业产业生态。在园区制造业的布局配套上，发展清洁产业和节能产业，建设循环经济产业链，使企业在技术和资源利用上形成上下关联的产业链，有效减少污染物的产生和排放，改善环境质量。

西部地区制造业集中度和集聚程度的测算结果显示，西部地区制造业发展的区域不平衡问题突出。产业过度集聚或者过于分散都会产生负外部性环境，加大污染物的排放。如内蒙古，与矿物资源有关的制造业过度集聚，这会加大污染排放和治理的难度。对于污染较重的传统制造业，也不能简单淘汰，可采用新技术进行改造升级，进一步发挥传统制造业生产的优势，这有利于西部地区劳动力就业和经济发展。地方政府应依据本地产业集聚程度，制定适合本地区发展的区域政策，合理布局产业。经过多年的发展，当前开发区招商引资和开发建设的空间潜力越来越小，应当在突出特色上下功夫。

---

① 彭森：《中国经济特区开发区年鉴（2000—2001）》，中国财政经济出版社，2001 年，第 43 页。

② 商务部国际商报社、投促汇开发区研究院：《2015 中国开发区竞争力研究报告》，http://finance.ce.cn/rolling/201512/17/t20151217_7635088.shtml。

（二）发挥市场机制在产业园区建设和升级中的作用

产业园区建设和升级过程中，要充分利用市场机制来引进和约束相关企业。在产业集中发展问题上，国内外很多研究都指出，单靠政府干预，可能不会达到预期效果。对于给定规模的集群，集群策略是否能够改进协作以及企业之间信息和知识外部性的交换还有待检验。[①] 对于产业园区建设和升级，需要减少对市场的直接干预，而要将产业政策的重点从选择特定企业、特定技术、特定产品进行扶持的选择性产业政策转变到对所有产业和企业都适用的普适性或功能性产业政策。[②] 充分利用市场机制推动产业园区高质量发展，实现产业节能减排。

此外，应发挥制造业集聚区辐射作用，促进区域制造业协调发展和绿色发展。西部大开发的第二个十年，国家先后批复了成渝、关天、北部湾三大国家级经济开发区，在西部大开发第三个十年开始之际，国家又决定大力推动成渝地区双城经济圈建设。这些区域都形成了较高程度的制造业集聚。但是这些集聚区的带动辐射能力还不高，在区域内往往一城独大，产业集聚区还会对周边区域造成“集聚阴影”，不利于区域整体制造业协调发展。制造业应适度集聚形成集聚经济圈，提升制造业集聚圈辐射能力，带动周边地区产业技术升级，进而通过提高集聚圈制造业集聚程度产生对环境的正外部性，实现规模效益和节能减排，促进区域制造业协调发展和绿色发展。

第二节　高质量招商引资，带动西部地区制造业集聚和节能减排

西部地区制造业高质量集聚发展，不能只依靠区域内部资源和要素投入，更需要大力引进外资和承接产业转移。西部大开发以来，西部地区基础设施建设日益完善，随着“一带一路”建设的开展和逐步深化，西部地区区位优势也逐步显现，有望成为全球制造商的低成本生产基地。国家在新一轮西部大开发

---

① Philippe Martin，Thierry Mayer，Florian Mayneris：Natural clusters：why policies promoting agglomeration are unnecessary，VOX，04 July 2008，https://voxeu.org/article/natural－clusters－policies－promoting－agglomeration－are－unnecessary.

② 制造强国战略研究项目组：《制造强国战略研究・综合卷》，电子工业出版社，2015 年，第 35 页。

优惠政策中，对西部地区中属于国家鼓励类产业的企业，继续减按 15%税率征收企业所得税。这保持了良好的政策环境，保持了西部地区承接区域外和国外产业转移的吸引力。西部地区制造业进一步发展，需要加大开放力度，包括对外引进外资和对内承接产业转移。从前面的实证分析得出，西部地区外商直接投资可推动制造业集聚，并通过技术效应改善环境状况。而在邻接东部的省区，如内蒙古承接首都产业转移，广西承接广东产业转移也有一定区位优势。

西部地区在招商引资中，应提升引资质量，避免"污染天堂"效应。在产业集聚过程中，外商直接投资有助于提升产业集聚程度，但外资具有"污染天堂"效应和"污染光环"效应，如何使外资发挥"污染光环"效应，避免引资地区成为"污染天堂"，则需要对引资进行严格把关。同时，在吸引制造业产业转移中，也同样需要防止可能伴随发生的污染转移。实证研究中，外商直接投资产生的技术效应有助于减少环境污染。发达国家已经走过了先污染后治理的老路，对于制造业发展有严格的环保要求，且在制造业领域拥有先进的节能减排工艺与技术。因此，要充分利用外商直接投资的技术效应，引入具有先进环保技术的制造业相关企业，发展清洁技术。

另外，在目前承接产业转移中也要注意相关制造业企业的生产技术和工艺，做到产业转移而污染不转移。与沿海一些地区相比，西部地区各项环保制度尚不完善，环保意识也不强，一些高污染企业为了获取更高利润会将企业转移到西部地区。有研究显示，水污染防控综合能力较低的省份多位于长江流域中上游经济欠发达地区或者高风险、高污染、高能耗的产业承接转移区。[①] 因此，作为长江上游区域的川渝地区，在承接区域产业转移的规划中，要严格按照有助于节能减排的环境标准筛选企业，避免污染产业转入而使水污染等环境污染的风险增大。承接产业转移这一过程，需要中央政府更为审慎地设计顶层政策[②]，西部地区招商引资政策设计也需考虑平衡经济发展和环境保护。西部地区迫切需要发展制造业，地方政府有招商引资压力，但也要把绿色发展作为引进外资和承接产业转移的原则目标，避免为了发展而忽视生态环境的短视做法。通过招商引资，推动传统产业改造，发展符合绿色发展的高技术产业，发挥制造业结构优化升级和科技创新对改善环境污染的作用。

在招商引资中，对接国家政策支持领域，引入有先进环保技术的制造业。

---

① 李义玲、杨小林：《长江流域水污染综合防控能力空间变异及影响因素分析》，《环境科学导刊》，2018 年第 6 期，第 22～28 页。

② 林伯强、邹楚沅：《发展阶段变迁与中国环境政策选择》，《中国社会科学》，2014 年第 5 期，第 81～95 页。

国家为了支持中西部和东北地区发展，积极进行政策扶持，支持中西部、东北地区承接国际、东部产业转移。国家发展改革委员会和商务部 2017 年修订的《中西部地区外商投资优势产业目录》指出要贯彻新发展理念注重发挥地方特色资源等优势，积极支持中西部地区、东北地区承接国际、东部地区外资产业转移，促进沿边开发开放，加强与“一带一路”沿线国家投资合作。在与“一带一路”沿线国家进行投资合作中，西部地区具有区位优势。例如，西部地区传统上具有农牧业生产加工的优势，在具有农牧业优势的省份吸引绿色食品加工类的投资，推动传统产业转型升级。按照《中西部地区外商投资优势产业目录》，四川省鼓励外商投资的优势产业目录包括环保设备（大气、污水、固体废物处理设备）制造及其解决方案应用等。若能引进这些产业，对于解决制造业集聚与环境污染的矛盾具有重要作用。

在招商引资中，也要处理好政府干预和市场机制之间的关系。地方政府的经济发展政策循环体系是招商引资（改善投资环境）、培育产业集群、推动转型升级的引—育—转体系，地方政府可通过制定集聚区发展战略和配套政策循环体系进行干预。但地方政府应该厘清其在集聚区发展过程中的职能，充分发挥有为政府与有效市场的功能。另外，政府干预不应仅在于促进集聚区形成上，也要解决因为追求集聚效应和经济效率而产生的集聚区与集聚阴影之间的社会不公、生态失衡等问题。[①]

总的来说，西部地区在新一轮西部大开发中，在吸引外资和承接东部地区产业转移中，要充分利用国家政策支持，引导外资更多投向传统制造业升级改造、高新技术制造业、环保节能型制造业等领域，促进这些领域的制造业集聚，带动相关产业及服务的发展，提升经济发展质量。

第三节　完善环境规制体系，促进制造业绿色转型

环境规制是指政府制定并实施的关于环境保护的法规和政策的总称，政府通过相应政策手段对造成污染的主体的经济行为进行规范性限制或调整，以纠正环境负外部性，避免环境污染。本研究实证分析中，环境规制的影响虽然不显著，且对不同污染物的影响方向也不相同，但在制造业集聚发展的过程中，

① 易毅、张可云：《集聚区与中国地方经济发展》，《西安交通大学学报（社会科学版）》，2013 年第 1 期，第 18～24 页。

随着环境规制体系的完善，环境规制的作用会逐步显现。市场机制无法对污染产业提供适当的限制，控制污染一向被认为是政府的合法职能。[①] 政府主导的环境规制也被称为正式环境规制，分为命令控制型环境规制和市场激励型环境规制两大类。命令控制型环境规制是指立法或行政部门制定的、旨在直接影响排污者做出利于环保选择的法律、法规、政策和制度，属于该类型的工具包括为企业确立必须遵守的环保标准和规范、规定企业必须采用的技术等[②]，具有强制性。市场激励型环境规制是通过设置一定的激励措施，鼓励企业创新节能减排措施，降低环境污染成本。该政策主要包括排污权交易制度、排污收费（税）制度、补贴和押金返还制度、自愿性协议制度等。[③] 当外部性使市场达到一种无效率的资源配置时，政府可以通过两种方式加以解决：通过命令与控制政策直接对污染行为进行管制；以市场为基础的政策提供激励，以促使私人决策者自己来解决问题。[④] 自 1972 年经济合作与发展组织颁布了“污染者付费原则”后，以市场为基础的环境规制引起了各成员国的关注，一些国家逐渐开始采用这类措施，但是命令控制型环境规制作为传统的环境规制模式仍然占据着主要地位。[⑤]

一、环境法规的完善和严格执法

保护生态环境，需要有完善的环保立法。改革开放以来，我国环保法规体系已经逐步完善。各省（区、市）也制定了相关法律的实施办法。但是，我国的环保法律体系还需要进一步完善，尤其是需要进一步明确环境责任，在工业污染防治方面需要制定责任清单，明确环境保护责任。2020 年 3 月中共中央办公厅、国务院办公厅印发了《关于构建现代环境治理体系的指导意见》，提出构建党委领导、政府主导、企业主体、社会组织和公众共同参与的现代环境治理体系。到 2025 年，建立健全环境治理的领导责任体系、企业责任体系、

---

① 保罗·萨缪尔森、威廉·诺德豪斯：《经济学（第 16 版）》，萧琛等译，华夏出版社，1999 年，第 29 页。

② 袁宝龙：《环境规制与制造业生态效率研究》，西安交通大学出版社，2018 年，第 3～4 页。

③ 张嫚：《环境规制约束下的企业行为——循环经济发展模式的微观实施机制》，经济科学出版社，2010 年，第 20～34 页。

④ 曼昆：《经济学原理（第 7 版）：微观经济学分册》，梁小民、梁砾译，北京大学出版社，2015 年，第 218 页。

⑤ 周长富：《环境规制对我国制造业国际竞争力的影响研究》，南京大学博士论文，2012 年，第 33 页。

全民行动体系、监管体系、市场体系、信用体系、法律法规政策体系。[①]

新的历史时期，国家强调绿色发展，建设生态文明，要使制度落到实处，需要地方政府积极发挥作用。怎样促使地方政府在环境保护方面发挥主导作用，是当前产业发展和环境保护方面的重要课题。因此，要严格明确政府官员在环境违法中的责任，改变官员考核机制，建立有效的监督机制。要在环境保护领域建立对各级政府的严格问责机制，改变只靠中央环保督查才会引起地方政府重视的状况，从制度构建上推动地方政府环保意识增强，促进环境质量改善。

由于缺乏有效的制度约束，制造业发展中的负外部性显现，导致环境污染。在制造业产业集聚区域，对于相关企业也需要制定严格的环境准入标准，对重点行业和企业严格监控，对企业违法必究。西部地区有相当数量的国有企业，相关研究表明，国有企业和集体所有企业行业集中度越高，工业二氧化硫和烟尘排放强度越低[②]，对此，西部地区应在对国有企业严格环境执法的同时发挥国有企业在污染减排中的作用。西部地区各省（区、市）在制造业发展和环境污染方面存在时空差异，各省（区、市）也应针对不同情况制定差异化的政策，比如根据各地区发展情况制定不同工业污染排放收费标准，从而充分发挥本地优势，促进制造业发展和环境保护。

二、逐步完善并发挥市场激励型环境规制的作用

国内外环境污染治理的实践表明，随着市场经济的发展，市场体系不断完善，市场激励型环境规制会起到有效作用。政府制定了控制政策，但也无法完全禁止有污染的企业活动。政府对外部性的反应也可以是不采取管制措施，而用以市场为基础的政策向私人提供符合社会效率的激励。[③] 这些市场激励型环境规制措施包括配额市场交易制度、环境税、环境保险等，政府的作用在于创造和维护这些市场激励型环境规制。

西部地区随着制造业集聚和市场经济的不断发展完善，有条件充分利用市

① 中共中央办公厅、国务院办公厅：《关于构建现代环境治理体系的指导意见》，《建筑市场与招标投标》，2020 年第 2 期，第 8～10 页。

② 杨帆、周沂、贺灿飞：《产业组织、产业集聚与中国制造业产业污染》，《北京大学学报（自然科学版）》，2016 年第 3 期，第 563～573 页。

③ 曼昆：《经济学原理（第 7 版）：微观经济学分册》，梁小民、梁砾译，北京大学出版社，2015 年，第 219 页。

场激励型环境规制。相关研究提出，政府应将环境税和碳税机制以及排污交易和排放交易机制作为制造业绿色转型的基本制度设计，尽快试点，循序推开。[①] 制造业集聚程度的提高也会加大制造业企业间的竞争，而提高企业竞争力的关键在于技术创新。西部地区制造业集聚中的技术效应还比较弱，需要运用市场机制和环境规制措施促使企业进行技术改造，使用清洁能源，进行清洁生产，减少污染物排放。政府可对企业节能减排技术投入给予金融支持，推动节能减排技术的市场化应用和产业化发展。

对中国西部地区来说，目前在中国开展的排污权交易制度和生态补偿制度是主要的市场激励型环境规制，需要进一步完善后加以推广。

排污权交易制度是基于科斯定理的环境政策工具，可以激励企业通过改进技术减少排污，比排污收费更有优势。基于庇古税的排污收费，作为一种末端治理工具，无法全部实现环境损害成本的补偿，显示出了较多弊端。2018 年颁布的《中华人民共和国环境保护税法》实现了环境保护税费由排污费到环境保护税的变革。排污权交易的外部性内在化效果比排污收费更能促进企业减排。中国多数省（区、市）开展了排污权交易试点，多选取二氧化硫、氮氧化物、化学需氧量和氨氮四项污染物作为交易的污染因子，西部地区的重庆、内蒙古、陕西等省（区、市）进行了排污权抵押贷款等创新。[②] 未达到排污指标的企业，环保部门不得审批其建设项目环境影响评价文件。通过市场手段促进污染物减排的试点工作取得了成效，企业积极引进新工艺、新技术加大污染治理力度。但排污权交易还存在一些省份不活跃、部分企业积极性不足等问题。[③] 排污权交易制度对其配套的环境管理制度有着较高要求，中国的排污权交易制度存在市场规模较小、初始排污权分配和定价不完善、相关制度不健全等问题。[④] 今后，排污权交易需要进一步完善制度建设，进一步扩大交易主体，推动二级市场交易。

生态补偿以保护和可持续利用生态系统服务为目的，以经济手段为主调节相关者利益关系，实现保护者与受益者之间的利益平衡，在国外也被称为“生

---

① 制造强国战略研究项目组：《制造强国战略研究·综合卷》，电子工业出版社，2015 年，第 30 页。

② 包兴安：《全国已有 28 个省区市开展排污权有偿使用和交易试点》，http://www.zqrb.cn/finance/hongguanjingji/2019-01-23/A1548229535635.html.

③ 陈浩：《走向何方：排污权交易试点十年》，http://www.tanpaifang.com/paiwuquanjiaoyi/2017/07/1460032.html.

④ 张进财、曾子芙：《我国排污权交易制度的不足与完善》，《环境保护》，2020 年第 7 期，第 51～53 页。

态环境服务付费”（Payments for environmental/ecosystem services，PES）。中国的生态补偿主要是一种公共制度安排，包括通过支付生态服务费用来促进环境保护和恢复。目前中国生态补偿主要是由上而下行政隶属间的纵向补偿，区域之间的横向补偿开展难度较大。生态补偿在资源开发、流域污染治理、大气污染防治等方面都能起到正向作用，也是环境外部性内在化的有效途径。在流域水污染治理中，上游地区为了减少污染排放，对一些制造业生产进行限制，这势必会增加相关企业的生产成本。因此，采用流域污染补偿是一个有效手段。西部地区处于长江上游，就长江流域生态补偿机制来说，建立和完善流域生态补偿长效机制具有重要作用。目前，中国西部地区生态补偿机制的完善具有迫切性。有研究表明，1990—2015年中国的生态补偿省区和生态补偿支付金额不断增加，但在生态脆弱性和敏感性的背景下，生态系统的可持续能力与修复能力在不断恶化。① 要在环境保护前提下实现产业发展和提高人民生活水平质量，需要完善相关补偿机制。目前建立生态补偿机制的主要障碍是缺乏市场化手段，在资金筹措方面需要科学制定环境税税率，以起到激励企业减排作用。另外，还需要完善排污权交易市场，构建补偿性排污权交易机制，发挥市场补偿机制的优势。

三、环境政策设计要适合本地区情况

不同地区产业发展和市场发育程度不同，需要因地制宜地把握好环境规制强度来助推区域经济发展质量。政府应理性选择与制定适应不同地区市场化进程的环境规制政策，制定动态的环境规制强度标准，以充分发挥环境规制政策的作用。对于西部地区来说，在推动制造业集聚发展时，需要严格的环境规制措施保护西部地区脆弱的生态环境，避免重走其他国家以及中国过去“先发展后治理”的老路。但是对于西部地区环境政策的设计和实施要符合本地区情况，这方面西部地区政府还需要做更多细致工作。

制造业发展与环境污染的关系是动态发展的。随着制造业发展水平的提高，有利于减少污染排放；同时，环境污染治理标准的不断提高，也给企业生产行为带来外在的压力。要推动企业尤其是高污染制造业企业进行清洁生产，减少工业污染物的产生，需要在不同阶段动态制定并运用相关环境规制措施。

① 丁振民、姚顺波：《区域生态补偿均衡定价机制及其理论框架研究》，《中国人口·资源与环境》，2019年第9期，第99～108页。

四、建立区域制造业发展与环境保护的联动机制

由于制造业集聚发展与环境污染具有区域相关性，需要建立区域产业发展与环境保护的联动机制。制造业的集聚发展可以带动其他相关产业和服务业的发展。区域在制造业集聚发展中存在竞争与合作，因此与邻近地区相关区域进行协调规划，可以避免制造业产业的重复布局。依据区域结构以及空间分布来协调区域的产业布局，使得区域政策和产业政策协调，促进整个区域制造业发展，有利于减少污染排放，保护环境。相关研究显示，中心区域经济增长和工业环境污染与相邻区域的经济增长和工业环境污染存在明显的正向空间溢出效应。虽然中心区域环境规制强度的提高显著促进了经济增长与环境污染脱钩，却不能显著促进相邻区域经济增长与环境污染脱钩，这是区域之间环境治理缺乏统筹协同导致的。①

在西部地区建立产业合作协调机制以及污染防治监控协调机制，有助于整个区域制造业集聚发展中环境污染治理的共同解决。大气污染和水污染都是区域性污染。大气污染物受气象条件影响以及随时间的变化在区域空间散布，水污染在区域内的影响主要是上游地区污染也会影响下游地区。虽然中国也一直强调大气污染联防联控工作，但实际效果不佳。在此方面，欧盟的经验值得借鉴。欧盟在环境立法方面多采用指令形式，即欧盟设定目标，由成员国通过国内立法完成。此外在成员国层面也有相关区域污染联防联控机制的国际条约，明确污染防控相关权利义务，进行区域利益协调。比如，在区域大气污染防治方面，我国可以借鉴的有区域空气质量监测与评价制度、国家排放上限制度、空气环境计划制度等。《中华人民共和国立法法》并没有禁止区域联合立法，因此可以探讨对大气污染联防联控进行区域立法。② 大气环境污染的空间分布和行政区划不一致，所以建立跨行政区的区域环保机构、构建区域政府间协同治理机制至关重要。③ 区域产业合作协调机制的建立，可以避免邻近省区的恶性竞争产生“竞次”效应，提高引资质量。由于区域环境监控协同机制的建

---

① 魏红梅：《环境规制约束下经济增长与环境污染脱钩关系研究》，辽宁大学博士论文，2017 年，第 120 页。

② 任凤珍、孟亚明：《欧盟大气污染联防联控经验对我国的启示》，《经济论坛》，2016 年第 8 期，第 144～145 页。

③ 傅京燕：《推进大气污染联防联控问题的制度构建》，《国家治理》，2018 年第 33 期，第 22～26 页。

立，环境污染物不能跨省区转移，可以减少治理成本，实现区域制造业的高质量发展。

第四节 发挥社会监督功能，促进政府、企业和公众环保意识提升

政府政策之外的解决环境污染的方法，也被称为非正式环境规制[①]或隐性环境规制[②]。非正式环境规制也有多种形式，包括社区团体要求赔偿、公司员工受到社会排斥、客户抵制公司产品等。当非正规监管有效时，当地工厂因排污将面临预期的积极处罚。[③] 社会公众参与是环境治理工具的重要补充，更是实现环境公平诉求的有效途径。公众的受教育水平和政府的治理决心是公众参与效率的决定因素。[④] 社会公众力量包括普通民众、专业环保机构、民间环保组织、大众媒体等，是政府环境治理的有力助手，而且民间组织在推动绿色发展方面具有社会亲和力，可以减少环境问题带来的矛盾和损失，督促企业减排。在某些情况下，运用社会道德进行监督的社会约束和名誉损失的威胁远比国家法律的惩罚更有力。

社会力量参与环境治理的一个重要作用是能够对污染排放行为进行有效监督。政府应促进企业环境信息披露制度的建立、健全与完善，保障公众的环境教育普及权、环境信息获取权、环境决策参与权与公益诉讼权等。[⑤] 在河流污染治理方面民间河长已经发挥了重要作用。舆论监督在环境污染防治方面也有重要作用。由于污染具有外溢性，跨区域污染责任难以明确划分。公共舆论和媒体监督，有助于查清污染来源，对排污地区与排污企业等污染源头进行定位，从而界定污染责任。对各地区政府治污责任进行划分，有利于完善区域污

---

① Sheoli Pargal，David Wheeler：Informal regulation of industrial pollution in developing countries：evidence from Indonesia，Journal of political economy，1996，104（6）：1314－1327.

② 赵玉民、朱方明、贺立龙：《环境规制的界定、分类与演进研究》，《中国人口·资源与环境》，2009 年第 6 期，第 85～90 页。

③ Sheoli Pargal，Hemamala Hettige，Manjula Singh，et al：Formal and informal regulation of industrial pollution：comparative evidence from Indonesia and the United States，World Bank economic review，1997，11（3）：433－450.

④ 涂正革、邓辉、甘天琦：《公众参与中国环境治理的逻辑：理论、实践和模式》，《华中师范大学学报（人文社会科学版）》，2018 年第 3 期，第 49～61 页。

⑤ 李瑞琴：《市场化进程提升了环境规制的有效性吗？——基于绿色技术创新视角的“波特假说”再检验》，《西南政法大学学报》，2010 年第 2 期，第 125～139 页。

染联防联控保障体系。①

社会力量的作用还体现在环境宣传教育方面。针对企业方面，通过社会力量促进企业培育绿色制造观念，实现制造业集聚的同时降低环境污染。总的来说，建立有效的社会公众参与环境治理的机制，会极大地促进政府主导下的政府、企业、社会三方共治机制发挥作用，实现制造业集聚与环境保护的协调发展。

第五节　本章小结

本章根据本研究发现的相关问题，并参考其他文献提出的对策、模式或思考，提出西部地区制造业集聚与环境保护协调发展的路径。首先促进资源节约、环境友好的制造业集聚发展。对此需要进行制造业结构的升级优化，发展符合国家需要方向的先进制造业和高端制造业，逐步淘汰落后产能，完善和升级产业园区，发挥制造业集聚区的带动辐射作用，促进区域制造业协调发展和绿色发展。其次，高质量招商引资，带动西部地区制造业集聚和节能减排。西部地区制造业高质量集聚发展，不能只依靠区域内部资源和要素投入，需要大力引进外资和承接产业转移。对于招商引资工作，要提升引资质量，加强引导外资和转移产业投向具有先进技术和节能减排的制造业行业。同时要用好国家对西部地区发展制造业的政策支持，让投资领域符合国家绿色发展要求。再次，完善环境规制体系，促进制造业绿色转型。完善相关环境法规并加强环境执法力度，优化环境规制手段。环境政策设计要适合本地区情况。要充分发挥市场激励型环境规制措施的作用。建立制造业发展与环境保护的联动机制。最后发挥社会监督功能，促进政府、企业和公众环保意识提升。

总之，适度的制造业集聚规模，有助于环境污染治理。西部地区制造业集聚总体上处于中低水平，应推动制造业集聚，调整制造业结构，发挥制造业集聚过程中的知识和技术外溢，实现节能减排。通过制造业的高质量集聚，带动西部地区经济增长，实现西部地区绿色发展。实现西部地区制造业集聚与环境保护协调发展，需要从市场、政府和社会三个方面进行，处理好制造业集聚发展中传统制造业与现代制造业的关系、政府与市场的关系、内部发展与外部投资的关系。

---

① 吕长明、李跃：《雾霾舆论爆发下城市减排差异与大气污染联防联控》，《经济地理》，2017 年第 1 期，第 148～154 页。

第七章　研究结论、政策启示与研究展望

制造业在工业体系和国民经济中具有重要地位，但是制造业的发展也会带来环境污染问题。自西部大开发以来，西部地区制造业不断发展，集聚程度不断提高。但是西部地区也是环境敏感区和生态脆弱区，如何在西部地区制造业发展的同时减少环境污染是亟待解决的难题。本书通过构建面板数据模型，利用西部地区 11 个省（区、市）（未包括西藏）2000—2016 年的面板数据，考察了西部地区整体制造业集聚对环境污染的影响，得出相应的结论和政策启示。

一、研究结论

本书的主要研究结论体现在以下几个方面。

（1）西部地区制造业自西部大开发以来整体上处于迅速发展阶段，集聚程度不断提高。

从整体上看，西部地区制造业集聚程度不断提高，但在 2011 年后集聚程度趋于放缓。从行业层面来看，多数行业在考察期内集聚程度都在增加，少数行业趋于分散，还有少数行业集中在个别省（区、市）。这与西部地区产业发展和结构调整有关。从区域层面来看，西部地区制造业集聚程度较高的省（区、市）为：西南地区的四川、重庆和广西，西北地区的陕西、内蒙古等。西部地区重污染行业也有较高程度的集聚。

西部地区面临着经济发展和保护生态的双重任务，制造业的发展在西部地区经济发展中具有重要地位。西部制造业的发展要改变粗放模式，在引进外商直接投资、承接产业转移中甄别是否有利于环境保护。节能减排也是西部地区制造业发展中面临的主要任务。

（2）西部地区制造业集聚与环境污染为非线性“N”形关系。

总体来看，西部地区制造业集聚与环境污染为“N”形关系。在制造业集

聚程度处于较低水平时，制造业发展形成的集聚加剧了环境污染。随着制造业集聚的不断加强和规模扩大，制造业集聚水平经过一个拐点后，将会有助于改善环境质量。但是，随着制造业集聚程度加大，制造业过度集聚又会产生拥挤效应，进而加剧环境污染。西部地区的制造业集聚程度还处在较低水平，依然处于“N”形曲线的第一阶段，这一阶段污染程度会随集聚程度提高而加剧。在跨过第一个拐点后，制造业集聚的环境正外部性抵消了其负外部性，西部地区的制造业集聚会成为提升环境质量的有效方式。

（3）外部因素对西部地区制造业污染排放影响不显著。

环境规制、外商直接投资等外部因素在模型估计结果中大多不显著，对此要结合具体情况具体分析。

环境规制能否发挥作用，取决于政府对于产业发展与环境保护的平衡。在长期的经济发展中，政府与能带动地方经济的大型企业形成互惠互利的关系。此外，对小企业的污染行为行政监管成本高，使得一些地区政府产生“惰性”，这种情况下环境规制也无法发挥作用。

西部地区外商直接投资对研究估计的几种污染排放物的影响不显著，影响方向也不一致，因此对于外商直接投资是否能在一定程度上加剧或改善西部地区的环境污染存在着两种可能，即外商直接投资的“污染天堂”效应或者“污染光环”效应在西部地区可能同时存在。

二、政策启示

实现西部地区制造业集聚与环境保护协调发展，需要从市场、政府和社会三个方面进行，处理好制造业集聚发展中传统制造业与现代制造业的关系、政府与市场的关系、内部发展与外部投资的关系。本书研究结论带来的政策启示体现在以下几个方面。

（1）西部地区制造业发展需要进行结构调整升级，以实现节能减排。

一是推动传统行业改造升级。西部地区资源丰富，很多传统行业是基于资源优势发展起来的，一些行业技术落后，迫切需要引进新技术进行改造，对此，要有相关财政金融政策支持。二是应积极发展高新技术产业，引导制造业集聚向高新技术研发和生产、服务等行业领域拓展。不论是传统行业改造还是发展高新技术产业，都要注重产业链和价值链的配套和延伸，培育制造业产业链现代化，以使制造业集聚能长期稳定发展，形成“锁定”效应。

（2）促进制造业适度集聚，发挥制造业集聚区辐射作用，促进区域制造业协调发展和绿色发展。

产业园区建设是提高制造业集聚水平的有效途径。目前西部地区建立了一些产业园区，可利用区域资源吸引优势产业集聚到现有的产业园区，拉动相关产业发展，形成园区的产业集聚。园区建设要提高产业关联度，有效延伸产业链，促进产业链现代化。产业园区的建设要充分发挥市场机制的作用，促进园区之间与园区内企业的良性竞争。并且，产业园区要按照绿色发展理念，在园区形成循环经济，实现节能减排。

西部地区已经形成了制造业集聚程度较高的集聚区，如川渝地区的成渝双城经济圈、西北地区的关天经济区城市群都有较高程度的制造业集聚。但是这些集聚区的带动辐射能力还不高，在区域内往往一城独大，甚至对周边区域造成“集聚阴影”，不利于区域整体制造业协调发展。因此，需要进行规划引导，促进集聚经济圈产业链融合延伸，形成产业集群，带动周边区域整体实现产业基础高级化、产业链现代化，带动传统制造业转型升级，实现规模效益和节能减排。

（3）在引进外资和承接产业转移时，有针对性地引入有助于本地区节能减排的相关制造业企业。

西部地区的发展需要引进外资，但是如何避免引资地区成为“污染天堂”，使外资发挥“污染光环”效应，需要对引资进行严格把关。同样，在吸引制造业产业转移中，要防止可能伴随发生的污染转移。西部地区自身的政策设计需要平衡经济发展和环境保护。在承接区域产业转移的规划中，要严格按照有助于节能减排的标准筛选企业，避免污染产业转入而造成环境污染风险增大。通过招商引资，推动传统产业改造，发展符合绿色发展的高技术产业，发挥制造业结构优化升级和科技创新改善环境污染的作用。

（4）完善环境规制体系，逐步发挥市场激励型环境规制的作用；环境政策设计要适合本地区情况；建立区域污染联防联控机制；同时注意培养环保意识，促进制造业绿色转型。

对于西部地区来说，在推动制造业集聚发展时，需要严格的环境规制措施保护西部脆弱的生态环境，避免重走其他国家以及我国过去“先发展后治理”的老路。西部地区环境政策的设计和实施要符合本地区情况，这方面西部地区政府还需要做更多细致工作。可发挥社会监督功能，在制造业发展中加强绿色发展观念的培育，增强政府、企业、公众的环保意识。

随着制造业发展水平的提高，也有利于减少污染排放；同时，环境污染治理标准的不断提高，也对企业生产行为带来外在压力。在制造业发展的过程中，要推动企业尤其是高污染制造业企业进行清洁生产，减少工业污染物的产生。对于已经产生工业污染物的企业，要加大治理力度，对工业污染物进行集中有效的处理。同时，在工业污染治理中应完善监督机制。

加强区域协调治理污染。西部地区环境污染治理需要区域联防联控。通过污染治理的联防联控，可以促进区域制造业融合发展。总的来说，建立有效的社会公众参与环境治理的机制，会极大地促进政府主导下的政府、企业、社会三方共治机制发挥作用，实现制造业集聚与环境保护的协调发展。

三、研究展望

展望未来研究，在区域选择、行业分类、参数选取等方面还值得继续细化、优化。

（1）在研究区域的选择上，可以继续缩小地理范围。本研究主要是西部整体研究，选择的地理范围主要是省级层面的西部 11 个省（区、市）。但是西部地区地域辽阔，制造业集聚往往发生在少数区域，因此，在空间尺度的选择上，未来可以选择到县区范围，以求更好地发现制造业集聚规律及其对环境污染的影响。

（2）在行业分类的选择上，可以继续细分。本研究主要选择了西部地区制造业 27 个两位数代码行业进行研究。产业划分越细，制造业越集中。在今后的研究中，可以进行制造业三位数代码和四位数代码行业研究，或开展企业层面的研究，以深化相关研究。

（3）在计量参数选择上，进行调整优化，使参数设置更为科学。尽管本研究在参数设置上尽量完善，但由于受到有关数据取得的局限，今后应调整优化，使研究更加符合实际。

附　录

附表1　选取的制造业代码及名称

2000—2001代码	2002—2011代码	2012—2016代码	类别名称
C13	C13	C13	农副食品加工业
C14	C14	C14	食品制造业
C15	C15	C15	饮料制造业
C16	C16	C16	烟草制品业
C17	C17	C17	纺织业
C18	C18	C18	纺织服装、鞋、帽制造业
C19	C19	C19	皮革、毛皮、羽毛（绒）及其制品业
C20	C20	C20	木材加工及木、竹、藤、棕、草制品业
C21	C21	C21	家具制造业
C22	C22	C22	造纸及纸制品业
C23	C23	C23	印刷业和记录媒介的复制
C24	C24	C24	文教体育用品制造业
C25	C25	C25	石油加工、炼焦及核燃料加工业
C26	C26	C26	化学原料及化学制品制造业
C27	C27	C27	医药制造业
C28	C28	C28	化学纤维制造业
C29+C30	C29+C30	C29	橡胶和塑料制品业
C31	C31	C30	非金属矿物制品业
C32	C32	C31	黑色金属冶炼及压延加工业
C33	C33	C32	有色金属冶炼及压延加工业

续表

2000—2001代码	2002—2011代码	2012—2016代码	类别名称
C34	C34	C33	金属制品业
C35	C35	C34	通用设备制造业
C36	C36	C35	专用设备制造业
C37	C37	C36+C37	交通运输设备制造业
C40	C39	C38	电气机械及器材制造业
C41	C40	C39	通信设备、计算机及其他电子设备制造业
C42	C41	C40	仪器仪表及文化、办公用机械制造业

注：国民经济行业分类（GB/T 4754—2012）将“交通运输设备制造业”分为“36 汽车制造业”和“37 铁路、船舶、航空航天和其他运输设备制造业”。

附表 2　西部 27 个制造业细分行业的集中度 CR_4 变化率%（2000—2016）（按总产值）

制造业分行业	2000（排序）	2008（排序）	2016（排序）	变化率（%）
金属制品业	0.5802（26）	0.7335（20）	0.7581（14）	30.65
橡胶和塑料制品业	0.5882（25）	0.7093（22）	0.7370（18）	25.30
皮革、毛皮、羽毛（绒）及其制品业	0.7842（10）	0.9750（1）	0.8811（6）	12.36
食品制造业	0.6648（22）	0.7914（14）	0.7438（15）	11.89
通用设备制造业	0.7747（12）	0.8434（9）	0.8589（7）	10.86
化学纤维制造业	0.8713（4）	0.9377（2）	0.9578（1）	9.93
交通运输设备制造业	0.8680（6）	0.9157（5）	0.9405（2）	8.35
造纸及纸制品业	0.7293（17）	0.7302（21）	0.7829（13）	7.35
家具制造业	0.8493（8）	0.9295（3）	0.9079（4）	6.90
饮料制造业	0.7513（15）	0.7678（19）	0.8030（10）	6.88
专用设备制造业	0.7644（14）	0.8023（12）	0.8167（9）	6.85
非金属矿物制品业	0.6238（23）	0.6945（24）	0.6663（23）	6.82
化学原料及化学制品制造业	0.5758（27）	0.5939（27）	0.6130（26）	6.46
印刷业和记录媒介的复制	0.7800（11）	0.7819（16）	0.8180（8）	4.88
电气机械及器材制造业	0.7179（18）	0.7785（17）	0.7415（17）	3.29
通信设备、计算机及其他电子设备制造业	0.9039（2）	0.8836（8）	0.9314（3）	3.05
纺织服装、鞋、帽制造业	0.7003（19）	0.8325（10）	0.7200（19）	2.82

续表

制造业分行业	2000（排序）	2008（排序）	2016（排序）	变化率（%）
木材加工及木、竹、藤、棕、草制品业	0.8697（5）	0.9037（6）	0.8818（5）	1.38
医药制造业	0.6884（20）	0.6957（23）	0.6856（22）	−0.41
仪器仪表及文化、办公机械制造业	0.8113（9）	0.8880（7）	0.7980（11）	−1.64
黑色金属冶炼及压延加工业	0.6765（21）	0.6549（25）	0.6564（24）	−2.97
农副食品加工业	0.7445（16）	0.7873（15）	0.7070（20）	−5.03
纺织业	0.7719（13）	0.7691（18）	0.7036（21）	−8.85
烟草制品业	0.8882（3）	0.8146（11）	0.7833（12）	−11.81
有色金属冶炼及压延加工业	0.6192（24）	0.6260（26）	0.5363（27）	−13.38
文教体育用品制造业	0.8583（7）	0.9249（4）	0.7424（16）	−13.50
石油加工、炼焦及核燃料加工业	0.9246（1）	0.8014（13）	0.6374（25）	−31.06

附表3　2016年西部地区制造业分行业按总产值排名前四省（区、市）

制造业分行业	总产值排前四省（区、市）	备注
电气机械及器材制造业	四川、重庆、广西、陕西	
纺织服装、鞋、帽制造业	四川、广西、内蒙古、重庆	
纺织业（重污）	四川、内蒙古、宁夏、陕西	
非金属矿物制品业（重污）	四川、广西、陕西、贵州	
黑色金属冶炼及压延加工业（重污）	四川、内蒙古、陕西、甘肃	
化学纤维制造业	四川、新疆、重庆、陕西	四川+新疆占86%
化学原料及化学制品制造业（重污）	四川、内蒙古、陕西、广西	
家具制造业	四川、广西、重庆、贵州	四川62%
交通运输设备制造业	重庆、广西、四川、陕西	
金属制品业	四川、重庆、内蒙古、广西	
木材加工及木、竹、藤、棕、草制品业	广西、四川、内蒙古、贵州	
农副食品加工业（重污）	四川、广西、内蒙古、陕西	

续表

制造业分行业	总产值排前四省（区、市）	备注
皮革、毛皮、羽毛（绒）及其制品业（重污）	四川、重庆、广西、贵州	
石油加工、炼焦及核燃料加工业（重污）	陕西、新疆、四川、广西	
食品制造业（重污）	四川、内蒙古、陕西、广西	
橡胶和塑料制品业	四川、重庆、陕西、广西	
通信设备、计算机及其他电子设备制造业	四川、重庆、广西、陕西	
通用设备制造工业	四川、重庆、陕西、广西	
文教体育用品制造业	广西、重庆、四川、云南	
烟草制品业	云南、贵州、广西、陕西	云南 53%
医药制造业	四川、重庆、陕西、广西	
仪器仪表及文化、办公机械制造业	重庆、四川、陕西、广西	
饮料制造业	四川、贵州、广西、云南	
印刷业和记录媒介的复制	四川、重庆、广西、陕西	
有色金属冶炼及压延加工业（重污）	内蒙古、甘肃、陕西、广西	
造纸及纸制品业（重污）	四川、广西、重庆、陕西	
专用设备制造业	四川、陕西、广西、重庆	

注：根据《中国工业统计年鉴》相关数据整理，括号内为重污染行业

参考文献

中文文献

[1] 阿尔弗雷德·马歇尔. 经济学原理 [M]. 宇琦，译. 长沙：湖南文艺出版社，2012.

[2] 阿尔弗雷德·韦伯. 工业区位论 [M]. 李刚剑，陈志人，张英保，译. 北京：商务印书馆，2010.

[3] 阿瑟·奥沙利文. 城市经济学 [M]. 8版. 周京奎，译. 北京：北京大学出版社，2015.

[4] 埃德加·M胡佛. 区域经济学导论 [M]. 王翼龙，译. 北京：商务印书馆，1990.

[5] 奥古斯特·勒施. 经济空间秩序 [M]. 王守礼，译. 北京：商务印书馆，2010.

[6] 保罗·克鲁格曼. 地理和贸易 [M]. 张兆杰，译. 北京：中国人民大学出版社，2002.

[7] 蔡海亚，徐盈之. 产业协同集聚、贸易开放与雾霾污染 [J]. 中国人口·资源与环境，2018，28 (6)：93−102.

[8] 陈军，岳意定. 中国区域产业集聚与产业转移——基于空间经济理论的分析 [J]. 系统工程，2013 (12)：92−97.

[9] 陈秀山，徐瑛. 中国制造业空间结构变动及其对区域分工的影响 [J]. 经济研究，2008 (10)：104−116.

[10] 陈迅，童华建. 西部地区集聚效应计量研究 [J]. 财经科学，2006 (11)：103−109.

[11] 程李梅，庄晋财，李楚，等. 产业链空间演化与西部承接产业转移的"陷阱"突破 [J]. 中国工业经济，2013 (8)：135−147.

[12] 道格拉斯·诺斯，罗伯特·托马斯．西方世界的兴起［M］．厉以平，蔡磊，译．北京：华夏出版社，2009．

[13] 范剑勇，杨丙见．美国早期制造业集中的转变及其对中国西部开发的启示［J］．经济研究，2002（8）：66－73．

[14] 范剑勇．制造业地理集中与地区的产业竞争力［J］．浙江学刊，2008（3）：158－163．

[15] 范俊韬，李俊生，罗建武，等．我国环境污染与经济发展空间格局分析［J］．环境科学研究，2009，22（6）：742－746．

[16] 范肇臻．三线建设与西部工业化研究［J］．长白学刊，2011（5）：18－23．

[17] 方行明，甘犁，刘方健，等．中国西部工业发展报告（2013）［M］．北京：社会科学文献出版社，2013．

[18] 冯薇．产业集聚与生态工业园的建设［J］．中国人口·资源与环境，2006（3）：51－55．

[19] 贺灿飞．中国制造业地理集中与集聚［M］．北京：科学出版社，2009．

[20] 侯伟丽，方浪，刘硕．"污染避难所"在中国是否存在？——环境管制与污染密集型产业区际转移的实证研究［J］．经济评论，2013（4）：65－72．

[21] 胡安俊，孙久文．中国制造业转移的机制、次序与空间模式［J］．经济学（季刊），2014，13（4）：1533－1556．

[22] 黄娟，汪明进．科技创新、产业集聚与环境污染［J］．山西财经大学学报，2016，38（4）：50－61．

[23] 黄茂兴，林寿富．污染损害、环境管理与经济可持续增长——基于五部门内生经济增长模型的分析［J］．经济研究，2013（12）：30－41．

[24] 蒋昭乙．空间经济学视角下我国东部产业向西部转移动力分析——基于2000—2009年中国省域面板数据分析［J］．世界经济与政治论坛，2011（6）：148－160．

[25] 金春雨，王伟强．"污染避难所假说"在中国真的成立吗——基于空间VAR模型的实证检验［J］．国际贸易问题，2016（8）：108－118．

[26] 金煜，陈钊，陆铭．中国的地区工业集聚：经济地理、新经济地理与经济政策［J］．经济研究，2006（4）：79－89．

[27] 李廉水．中国制造业40年：回溯与展望［J］．江海学刊，2018，317（5）：107－114＋238．

[28] 李廉水. 中国制造业发展研究报告（2017—2018）[M]. 北京：北京大学出版社，2018.
[29] 李顺毅，王双进. 产业集聚对我国工业污染排放影响的实证检验 [J]. 统计与决策，2014（8）：128－130.
[30] 李伟娜，杨永福，王珍珍. 制造业集聚、大气污染与节能减排 [J]. 经济管理，2010（9）：36－44.
[31] 李筱乐. 市场化、工业集聚和环境污染的实证分析 [J]. 统计研究，2014（8）：39－45.
[32] 李娅，伏润民. 为什么东部产业不向西部转移：基于空间经济理论的解释 [J]. 世界经济，2010（8）：59－71.
[33] 李扬. 西部地区产业集聚水平测度的实证研究 [J]. 南开经济研究，2009（4）：144－151.
[34] 李勇刚，张鹏. 产业集聚加剧了中国的环境污染吗——来自中国省级层面的经验证据 [J]. 华中科技大学学报（社会科学版），2013（5）：97－106.
[35] 梁琦. 产业集聚论 [M]. 北京：商务印书馆，2004.
[36] 梁琦. 中国工业的区位基尼系数——兼论外商直接投资对制造业集聚的影响 [J]. 统计研究，2003，20（9）：21－25.
[37] 林伯强，邹楚沅. 发展阶段变迁与中国环境政策选择 [J]. 中国社会科学，2014（5）：81－95.
[38] 林季红，刘莹. 内生的环境规制："污染天堂假说"在中国的再检验 [J]. 中国人口·资源与环境，2013，23（1）：13－18.
[39] 刘斌，刘磊. 以天水市为思考基点看西部老工业基地的产业集聚 [J]. 经济论坛，2011（12）：90－91＋97.
[40] 刘和旺，向昌勇，郑世林. "波特假说"何以成立：来自中国的证据 [J]. 经济社会体制比较，2018（1）：54－62.
[41] 刘军，段会娟. 我国产业集聚新趋势及影响因素研究 [J]. 经济问题探索，2015（1）：36－43.
[42] 刘满凤，谢晗进. 中国省域经济集聚性与污染集聚性趋同研究 [J]. 经济地理，2014，34（4）：25－32.
[43] 刘巧玲，王奇，李鹏. 我国污染密集型产业及其区域分布变化趋势 [J]. 生态经济，2012（1）：107－112.
[44] 刘小铁. 我国制造业产业集聚与环境污染关系研究 [J]. 江西社会科学，

2017 (1): 72-79.

[45] 刘修岩. 产业集聚的区域经济增长效应研究 [M]. 北京: 经济科学出版社, 2017.

[46] 刘志彪. 产业链现代化的产业经济学分析 [J]. 经济学家, 2019, 12 (12): 5-13.

[47] 路江涌, 陶志刚. 中国制造业区域聚集及国际比较 [J]. 经济研究, 2006 (3): 103-114.

[48] 罗胤晨, 谷人旭. 1980—2011 年中国制造业空间集聚格局及其演变趋势 [J]. 经济地理, 2014 (7): 82-89.

[49] 罗勇, 曹丽莉. 中国制造业集聚程度变动趋势实证研究 [J]. 经济研究, 2005 (8): 106-115+127.

[50] 马国霞, 石敏俊, 李娜. 中国制造业产业间集聚度及产业间集聚机制 [J]. 管理世界, 2007 (8): 58-65+172.

[51] 马静, 赵果庆. 中国地区制造业集聚与 FDI 依赖——度量、显著性检验与分析 [J]. 南开经济研究, 2009 (4): 90-108.

[52] 马素琳, 韩君, 杨肃昌. 城市规模、集聚与空气质量 [J]. 中国人口·资源与环境, 2016, 26 (5): 12-21.

[53] 毛中根, 武优勐. 我国西部地区制造业分布格局、形成动因及发展路径 [J]. 数量经济技术经济研究, 2019 (3): 3-19.

[54] 彭水军, 包群. 经济增长与环境污染——环境库兹涅茨曲线假说的中国检验 [J]. 财经问题研究, 2006 (8): 3-17.

[55] 彭向, 蒋传海. 产业集聚、知识溢出与地区创新——基于中国工业行业的实证检验 [J]. 经济学 (季刊), 2011, 10 (3): 913-934.

[56] 乔彬, 李国平, 杨妮妮. 产业聚集测度方法的演变和新发展 [J]. 数量经济技术经济研究, 2007 (4): 124-133+161.

[57] 覃成林, 熊雪如. 我国制造业产业转移动态演变及特征分析——基于相对净流量指标的测度 [J]. 产业经济研究, 2013 (1): 12-21.

[58] 任凤珍, 孟亚明. 欧盟大气污染联防联控经验对我国的启示 [J]. 经济论坛, 2016 (8): 144-145.

[59] 沈满洪, 许云华. 一种新型的环境库兹涅茨曲线: 浙江省工业化进程中经济增长与环境变迁的关系研究 [J]. 浙江社会科学, 2000 (4): 53-57.

[60] 沈能. 工业集聚能改善环境效率吗? ——基于中国城市数据的空间非线

性检验 [J]. 管理工程学报，2014，28 (3)：57－63＋10.
[61] 盛斌，吕越. 外国直接投资对中国环境的影响：来自工业行业面板数据的实证研究 [J]. 中国社会科学，2012 (5)：54－75.
[62] 石敏俊，郑丹，雷平，等. 中国工业水污染排放的空间格局及结构演变研究 [J]. 中国人口·资源与环境，2017 (5)：1－7.
[63] 石敏俊. 中国经济绿色转型的轨迹：2005—2010 年经济增长的资源环境成本 [M]. 北京：科学出版社，2015.
[64] 孙久文，李恒森. 我国区域经济演进轨迹及其总体趋势 [J]. 改革，2017 (7)：18－29.
[65] 孙淑琴，何青青. 不同制造业的外资进入与环境质量："天堂" 还是 "光环"? [J]. 山东大学学报 (哲学社会科学版)，2018 (2)：90－100.
[66] 谭嘉殷，张耀辉. 产业集聚红利还是 "污染避难所" 再现? ——基于广东省的证据 [J]. 经济与管理研究，2015，36 (6)：82－89.
[67] 唐根年，管志伟，秦辉. 过度集聚、效率损失与生产要素合理配置研究 [J]. 经济学家，2009 (11)：52－59.
[68] 唐运舒，冯南平，高登榜，等. 产业转移对产业集聚的影响——基于泛长三角制造业的空间面板模型分析 [J]. 系统工程理论与实践，2014，34 (10)：2573－2581.
[69] 藤田昌久，保罗·克鲁格曼，安东尼·J 维纳布尔斯. 空间经济学：城市、区域与国际贸易 [M]. 梁琦，主译. 北京：中国人民大学出版社，2005.
[70] 藤田昌久，蒂斯. 集聚经济学：城市、产业区位与全球化 [M]. 2 版. 石敏俊，等译. 上海：格致出版社，2015.
[71] 涂正革. 工业二氧化硫排放的影子价格：一个新的分析框架 [J]. 经济学 (季刊)，2010，9 (1)：259－282.
[72] 涂正革. 环境、资源与工业增长的协调性 [J]. 经济研究，2008 (2)：93－105.
[73] 王兵，聂欣. 产业集聚与环境治理：助力还是阻力——来自开发区设立准自然实验的证据 [J]. 中国工业经济，2016 (12)：75－89.
[74] 王家庭. 区域产业的空间集聚研究 [M]. 北京：经济科学出版社，2013.
[75] 王素凤，Champagne P，潘和平，等. 工业集聚、城镇化与环境污染——基于非线性门槛效应的实证研究 [J]. 科技管理研究，2017

(11)：217－223.

[76] 王询，张为杰．环境规制、产业结构与中国工业污染的区域差异——基于东、中、西部 Panel Data 的经验研究 [J]．财经问题研究，2011 (11)：23－30.

[77] 王业强，魏后凯．产业特征、空间竞争与制造业地理集中——来自中国的经验证据 [J]．管理世界，2007 (4)：68－77.

[78] 文玫．中国工业在区域上的重新定位和聚集 [J]．经济研究，2004 (2)：84－94.

[79] 吴建峰．经济改革、集聚经济和不均衡增长 [M]．北京：北京大学出版社，2015.

[80] 吴学花，杨蕙馨．中国制造业产业集聚的实证研究 [J]．中国工业经济，2004 (10)：36－43.

[81] 吴玉鸣．外商直接投资与环境规制关联机制的面板数据分析 [J]．经济地理，2007，27 (1)：11－14.

[82] 冼国明，文东伟．FDI、地区专业化与产业集聚 [J]．管理世界，2006 (12)：18－31.

[83] 谢荣辉，原毅军．产业集聚动态演化的污染减排效应研究：基于中国地级市面板数据的实证检验 [J]．经济评论，2016 (2)：18－28.

[84] 徐盈之，刘琦．产业集聚对雾霾污染的影响机制——基于空间计量模型的实证研究 [J]．大连理工大学学报（社会科学版），2018，39 (3)：24－31.

[85] 许和连，邓玉萍．外商直接投资、产业集聚与策略性减排 [J]．数量经济技术经济研究，2016，33 (9)：112－128.

[86] 闫逢柱，苏李，乔娟．产业集聚发展与环境污染关系的考察——来自中国制造业的证据 [J]．科学学研究，2011，29 (1)：79－83.

[87] 阎兆万．产业与环境——基于可持续发展的产业环保化研究 [M]．北京：经济科学出版社，2007.

[88] 杨帆，周沂，贺灿飞．产业组织、产业集聚与中国制造业产业污染 [J]．北京大学学报（自然科学版），2016，52 (3)：563－573.

[89] 杨洪焦，孙林岩，高杰．中国制造业聚集度的演进态势及其特征分析——基于 1988—2005 年的实证研究 [J]．数量经济技术经济研究，2008，25 (5)：55－66.

[90] 杨洪焦，孙林岩，吴安波．中国制造业聚集度的变动趋势及其影响因素

研究［J］. 中国工业经济，2008（4）：64－72.
［91］杨敏. 经济集聚与城市环境污染排放的非线性效应研究［J］. 软科学，2016，30（9）：117－122.
［92］杨仁发. 产业集聚能否改善中国环境污染［J］. 中国人口·资源与环境，2015（2）：23－29.
［93］殷广卫. 新经济地理学视角下的产业集聚机制研究：兼论近十多年我国区域经济差异［M］. 上海：上海人民出版社，2011.
［94］于峰，齐建国. 开放经济下环境污染的分解分析——基于1990—2003年间我国各省市的面板数据［J］. 统计研究，2007（1）：47－53.
［95］余伟，陈强. "波特假说"20年——环境规制与创新、竞争力研究述评［J］. 科研管理，2015，36（5）：65－71.
［96］原毅军，谢荣辉. 产业集聚、技术创新与环境污染的内在联系［J］. 科学学研究，2015，33（9）：1340－1347.
［97］张公嵬，梁琦. 出口、集聚与全要素生产率增长——基于制造业行业面板数据的实证研究［J］. 国际贸易问题，2010（12）：12－19.
［98］张红凤，周峰，杨慧，等. 环境保护与经济发展双赢的规制绩效实证分析［J］. 经济研究，2009（3）：14－26＋67.
［99］张可，豆建民. 工业集聚有利于减排吗［J］. 华中科技大学学报（社会科学版），2016（4）：99－109.
［100］张雪梅. 西部地区产业生态化提升体系研究［M］. 北京：经济科学出版社，2017.
［101］赵伟，张萃. 市场一体化与中国制造业区域集聚变化趋势研究［J］. 数量经济技术经济研究，2009（2）：18－32.
［102］赵细康. 环境保护与产业国际竞争力——理论与实证分析［M］. 北京：中国社会科学出版社，2003.
［103］周兵，蒲勇健. 一个基于产业集聚的西部经济增长实证分析［J］. 数量经济技术经济研究，2003（8）：143－147.
［104］周侃. 中国环境污染的时空差异与集聚特征［J］. 地理科学，2016，36（7）：989－997.
［105］周明生，王帅. 产业集聚是导致区域环境污染的"凶手"吗？——来自京津冀地区的证据［J］. 经济体制改革，2018，212（5）：185－190.
［106］周世军，周勤. 中国中西部地区"集聚式"承接东部产业转移了吗？——来自20个两位数制造业的经验证据［J］. 科学学与科学技术

管理，2012，33（10）：67－79.
［107］周沂，贺灿飞，刘颖. 中国污染密集型产业地理分布研究［J］. 自然资源学报，2015，30（7）：1183－1196.
［108］朱英明. 产业集聚、资源环境与区域发展研究［M］. 北京：经济管理出版社，2012.

英文文献

［1］Ambec S，Barla P. Can environmental regulations be good for business? An assessment of the Porter hypothesis［J］. Energy studies review，2006，14（2）：42－62.
［2］Antweiler W，Copeland B R，Taylor M S. Is free trade good for the environment?［J］. American economic review，2001，91（4）：877－908.
［3］Audretsch D B，Feldman M P. Innovative clusters and the industry life cycle［J］. Review of industrial organization，1996，11（2）：253－273.
［4］Ciccone A，Hall R E. Productivity and the density of economic activity［J］. American economic review，1996，86（1）：54－70.
［5］Combes P P，Duranton G，Overman H G. Agglomeration and the adjustment of the spatial economy［J］. Papers in regional science，2010，84（3）：311－349.
［6］Copeland B A，Taylor M S. North－South trade and the environment［J］. Quarterly journal of economics，1994，109（3）：755－787.
［7］Criado C O，Valente S，Stengos T. Growth and pollution convergence：theory and evidence［J］. Journal of environmental economics & management，2011，62（2）：199－214.
［8］Dekle R. Industrial concentration and regional growth：evidence from the prefectures［J］. Review of economics & statistics，2002，84（2）：310－315.
［9］Devereux M，Griffith R，Simpson H. The geographic distribution of production activity in the UK［J］. Regional science and urban economics，2004，34（5）：533－564.
［10］Drucker J，Feser E. Regional industrial structure and agglomeration

economies: an analysis of productivity in three manufacturing industries [J]. Regional science & urban economics, 2015, 42 (1): 1-14.
[11] Duranton G, Overman H G. Testing for localization using micro-geographic data [J]. Review of economic studies, 2005, 72 (4): 1077-1106.
[12] Duranton G, Puga D. Diversity and specialisation in cities: why, where and when does it matter? [J]. Urban studies, 1999, 37 (3): 533-555.
[13] Ellison G, Glaeser E L. The Geographic concentration of industry: does natural advantage explain agglomeration? [J]. American economic review, 1999, 89 (2): 311-316.
[14] Ellison G, Glaeser E L. Geographic concentration in U. S. manufacturing industries: a dartboard approach, Journal of political economy, 1997, 105 (5): 889-927.
[15] Ellison G, Glaeser E L, Kerr W R. What causes industry agglomeration? Evidence from coagglomeration patterns [J]. The American economic review, 2010, 100 (3): 1195-1213.
[16] Fujita M, Thisse J F. Economics of agglomeration [J]. Journal of the Japanese and international economies 1996, 10 (4): 339-378.
[17] Fujita M. A monopolistic competition model of spatial agglomeration: a differentiated product approach [J]. Regional Science and Urban Economics, 1988, 18 (1): 87-124.
[18] Glaeser E L, Kallal H D, Scheinkman J A, et al. Growth in cities [J]. Journal of political economy, 1992, 100 (6): 1126-1152.
[19] Hosoe M, Naito T. Trans-boundary pollution transmission and regional agglomeration effects [J]. Papers in regional science, 2006, 85 (1): 99-120.
[20] Jaffe A B, Palmer K. Environmental regulation and innovation: a panel data study [J]. Review of economics and statistics, 1997, 79 (4): 610-619.
[21] Klepper S. Entry, exit, growth, and innovation over the product life cycle [J]. American economic review, 1996, 86 (3): 562-583.
[22] Krugman P R. First nature, second nature, and metropolitan location

[J]. Journal of regional science, 1993, 33 (2): 129-144.
[23] Krugman P R. Increasing returns and economic geography [J]. Journal of political economy, 1991, 99 (3): 483-499.
[24] Kyriakopoulou E, Xepapadeas A. Environmental policy, first nature advantage and the emergence of economic clusters [J]. Regional science and urban economics, 2013, 43 (1): 101-116.
[25] Levinson A. Environmental regulations and manufacturers' location choices: evidence from the census of manufactures [J]. Journal of public economics, 1996, 62 (1-2): 5-29.
[26] List J A, Millimet D L, Fredriksson P G, et al. Effects of environmental regulations on manufacturing plant births: evidence from a propensity score matching estimator [J]. The review of economics and statistics, 2003, 85 (4): 944-952.
[27] Martin P, Ottaviano G. Growth and agglomeration [J]. International economic review, 2001, 42 (4): 947-968.
[28] Maurel F, Sedillot B. A measure of the geographic concentration in French manufacturing industries [J]. Regional science & urban economics, 1999, 29 (5): 575-604.
[29] Murthy K V B, Gambhir S. Analyzing environmental kuznets curve and pollution haven hypothesis in India in the context of domestic and global policy change [J]. Australasian Accounting, business and finance journal, 2018, 12 (2): 134-156.
[30] Petrakis E, Xepapadeas A. Location decisions of a polluting firm and the time consistency of environmental policy [J]. Resource & energy economics, 2004, 25 (2): 197-214.
[31] Porter M E, van der Linde C. Toward a new conception of the environment-competitiveness relationship [J]. Journal of economic perspectives, 1995, 9 (4): 97-118.
[32] Porter M E. Cluster and the new economics of competition [J]. Harvard business review, 1998, 76 (6): 77-90.
[33] Porter M E. The economic performance of regions [J]. Regional studies, 2003, 37 (7): 549-578.
[34] Rosenthal S S, Strange W C. The Determinants of agglomeration [J].

Journal of urban economics，2001，50 (2)：191－229.

[35] Rosenthal S S，Strange W C. Geography，industrial organization，and agglomeration [J]. Review of economics and statistics，2003，85 (2)：377－393.

[36] Verhoef E，Nijkamp P. Urban environmental externalities，agglomeration forces，and the technological "deus ex machina" [J]. Environment and planning，2008，40 (4)：928－947.

[37] Zeng D Z，Zhao L X. Pollution havens and industrial agglomeration [J]. Journal of environmental economics and management，2009，58 (2)：141－153.